JN045420

買ってくれて
かまわんよ!

くりぃむしちゅーのオールナイトニッポン

番組オフィシャルブック

SOGO HOREI PUBLISHING CO., LTD

CONTENTS

004 あの頃僕らは若かった くりぃむしちゅー巻頭スペシャルインタビュー

006 有田哲平

010 上田晋也

014 くりぃむしちゅーのオールナイトニッポン 名言&神トーク集 Part1

036 リスナー大好き!! あのキャラ あのコーナー あの事件

049 担当、代わりすぎ!? 歴代ディレクター&構成作家インタビュー

050 松尾紀明

052 節丸雅矛

054 長濵 純

056 鈴木賢一

058 柴田 篤

060 木之本 尚輝

062 石川昭人

064 ホンマ・トシヒコ

066 全164回の放送トピックを網羅！ 僕らの時代と番組クロニクル
くりぃむしちゅーのオールナイトニッポン

080 名言&神トーク集 Part2

102 「くりぃむしちゅー熊本復興支援チャリティトークライブ」レポート

フリートーク傑作選

106 01 ウエダノジナンボウが競馬・菊花賞で2着に入る!?
112 02 後輩にナメられる有田「えへへ」と空笑いをする
118 03 ババア、エジプトのロケでも「飛ばしてはくれてんのねぇ」
126 04 有田、ワイハの思い出を語る 真剣にお笑いに取り組む!?
134 05 上田プロパンはアコギ!? 有田が偽装問題を徹底追及
138 06 女性を誘っても返事が来ない 有田に全国の男性が共感!?
144 07 素人による奇跡のエピソード ヘッドフォン装着事件とは!?

Special Interview
くりぃむしちゅーの後輩に聞く！

034 File.01 エイトブリッジ
078 File.02 コトブキツカサ
100 File.03 浜ロン

※出演者の発言の個所につきまして、本書内では一部割愛して掲載しています。

あの頃
僕らは若かった

しちゅーインタビュー

僕らは番組リスナーに、支えられて生きている

ARITA Teppei

レギュラー放送終了から12年経った現在も、絶大なる人気を誇る『くりぃむしちゅーのオールナイトニッポン』。放送当時、30代だったくりぃむしちゅーの二人はともに50歳を迎えた。本誌は、今だから話せる番組やリスナーへの想い、そして今後の展望について、有田哲平さん、上田晋也さんにロングインタビューを敢行した。リスナー諸君、あの頃を思い出して、〝もういっちょ集合！〟。

くりぃむ

巻頭スペシャ

今後もうんこ、ちんこテイストは変わらない

UEDA Shinya

Program 『くりぃむしちゅーのオールナイトニッポン』

2005年7月～2008年12月にかけて放送されたラジオ番組。高校時代からの同級生である有田と上田が織りなす〝部室トーク〟がリスナーから圧倒的な支持を集める。2016年から不定期での放送を継続中。

巻頭企画

Special INTERVIEW

有田哲平

【くりぃむしちゅー】

1年に4回ぐらい、
放送回数を増やしたい

番組リスナーの熱い気持ちが伝わる

――『くりぃむしちゅーのオールナイトニッポン』のレギュラー放送が終わって12年。今、率直にどのようなお気持ちでしょうか？

有田　これまでにいろんなテレビやラジオの番組をやらせていただきました。この番組は随分前に終わりましたが、『くりぃむしちゅーのオールナイトニッポン』のファンはとにかく熱いという印象が残っていますね。

　今でも、街を歩いていると、「オールナイトニッポンを聴いていました」って声をかけられることがあるんです。しかも、その人の話を聞くと、聴いているレベルじゃないんですよ。もう何十回と聴き込んで、どんな内容だったかを僕に教えてくれるんです。有田さんの高校の友達のあだ名の由来はこうなんですよとか、僕なんかよりも全然詳しいんですよ。だから正直、僕は今『くりぃむしちゅーのオールナイトニッポン』のクソみたいなリスナーに支えられて生きていると思っていますね（笑）。

――嬉しいコメントありがとうございます。やはり有田さんにとってオールナイトニッポンは特別な番組なのですか？

有田　子どもの頃からオールナイトニッポンを聴いていました。だから、この業界に入った時は、テレビではコントをして冠番組を持って、ラジオではオールナイトニッポンをするっていう目標があったんです。

　実を言うと、僕らはニッポン放送の勅使川原さんという方に見出してもらって、若手時代に2部のオールナイトニッポンをやったことがあります。そのオファーをもらった時、「やった！」って嬉しかったんですね。憧れていた番組で楽しくフリートークできると思って。でも蓋を開けてみたら、悩み相談を僕らが受けるっていう内容で、相談者が僕の回答に納得しなかったら罰ゲームを受けなくちゃならなかったんです。しかも、その罰ゲームが丸坊主という……。

――ラジオで丸坊主ですか？

有田　そうなんですよ。当然声だけのメディアなので、丸坊主にしてもリスナーは全くわからない。正直、むちゃくちゃな企画でした（笑）。そんなんで、僕がやりたかったオールナイトニッポンとは何か違うなっていう思いがあったんです。本当は、その時の仕事の話をしたり、時事ネタをちょっと扱ったりしたい気持ちがあったんです。

――その2部のオールナイトニッポンを担当したのが20代でした。それから芸人としてブレイクするまでに苦労の時期が続きました。

有田　いろんなことを諦めていた時期でしたね。芸能界に夢を持って入ってきたんですけど、いざこの世界に入ってみると、なかなか思うようにいかなくて。テレビの冠番組もコント番組もオールナイトニッポンも一時期は諦めていました。

　でも、２００１年に改名のチャンスがあって、そのぐらいの時期から風向きが変わってきたんです。上田が『知ってる？24時。』をやって、僕もその後に『目からウロコ！21』のパーソナリティになって。各自、別々ではあったんですけど、どんな形であれ番組を持てるのは嬉しいなって思っていたんです。そしたら、今度はニッポン放送さんから「オールナイトニッポンをやりませんか？」っていう話をいただきました。しかも、火曜日で！　かつてとんねるずさんがやっていた曜日ですからね。

――1回は諦めたオールナイトニッポンをできるようになった。どんなお気持ちで番組には取り組んでいったのですか？

有田　とうとう俺もここまできたかっていうよりも、1回諦め

ARITA Teppei

ているので、正直、「僕らがパーソナリティでいいんですか?」みたいな気持ちでした。

それで、毎週フリートークを話すことになるから、1回上田と話し合ったことがあったんですよ。「これは自分たちを改革しなくちゃいけない」と。どういうことかと言うと、それまでテレビでは面白い話をして、笑いを取りにいかなくちゃならなかった。でもラジオで毎週それをやっていたら、持ちません。だから社会で起きた出来事や事件、芸能情報でもいいから自分たちが感じたことを話せるようにならなくちゃいけないって決めたんです。

――なるほど。いわゆるラジオらしい放送を心がけたんですね。

有田　ところが、始まってみたらですよ。前回の放送を聴いていただければ、わかる通り、全部くだらない内容なんですよ。まともな話をしたことがない(笑)。うんこ、ちんこの話をしたり、高校の内輪話をしたり、ラジオネームをいじったりして(笑)。でも毎週生放送なので、反省なんてしている暇はなくて、何か話さなくちゃって思って走り出すんですね。それでFMラジオの真似をしてスターダスト有田なんかが生まれたりしていました。そんなことばっかりをやっていたから、3年ぐらいで終わったのかもしれませんね(笑)。

――ですが、結果的にその「うんこ、ちんこ」番組を愛しているリスナーはたくさんいます。

番組の放送が始まった2005年頃の1枚。この時、有田さん、上田さんともにまだ30代半ば。二人とも若々しいのが印象的だ。

は絶対応えてくれる」

有田　そうなんですよね。本当に嬉しい限りで。以前、テレビ関係のスタッフから「くりぃむしちゅーさんのラジオは時事ネタがないからいつでも聴けるんだよ」って言われたんです。だから結果的に、「うんこ、ちんこ」番組だからこそ、今もこうやって何周も聴いてくれるリスナーがいてくれるんだなって思います。

――番組で人気が高かったのがお二人のフリートークでした。とくに有田さんから上田さんへの無茶振りが印象的でした。

有田　あれはですね、上田が生放送中にゲームをしたことがあったんですよ。PSPでボクシングのゲームをしていたんですね。いまだにあの事件は僕にとって許せない出来事なんですけど、さすがにその行為は最低だよって話をしたんです。だって緊張感がないじゃないですか。

だから、これはちょっとたまに仕かけないとなって思って、無茶振りを本格的にやるようになったんですよ(笑)。「菊花賞に出ましたよね?」とか、月に1回とんでもない角度から、上田に話題を振っていたんです。

――上田さんの気を引き締めるためだったんですね。その有田さんの無茶振りは、現在ではテレビでも注目されるほどになりました。何か心がけている点はあるんでしょうか?

有田　一般的な無茶振りは「よし、お前ちょっとここで一発芸やれ」みたいなことだと思うんですけど、僕はそういうのはあ

2006年に始まったポッドキャスト。ポッドキャストランキングでは、同番組が他の人気番組を押さえて1位を獲ったこともあった。

んまり好きじゃない。だって本当に相手が無理なことを振っても楽しくないんです。だから理想は、相手は困るだろうけど、でもこいつなら80%ぐらいはいけるだろうっていう話題を選んで振っていますね。

　わかりやすく言えば、「上田さん、面白いギャグできたんですよね？」ではダメなんです。それだと相手が困って何もできないですから。だから今の時期だと「上田さん、コロナのワクチンを開発したんでしょ？」ぐらいでいけば、上田は絶対に応えてくれるんですよ。

サブ放送作家のホンマさん扮する「ゴミちゃん」。当時、有田さんは過度の女性不信から「全国総ゴミメガネ宣言」を発表した。

——なるほど！　その無茶振りは今度の放送でぜひ聴いてみたいですね。その流れでお聞きしますが、これからの番組の展望について、有田さんのお気持ちを聞かせてください。

有田　前回でもそうなんですけど、オールナイトニッポンを放送するってなったら、昔のリスナーがこぞって聴いてくれるんですよ。もうずいぶん大人になっているはずなのに……。それが本当に嬉しいですね。

　ただね、年に1回の頻度で放送していたら昔の放送の焼き直しになってしまうんです。リスナーから、「あの話を覚えていますか？」っていう投稿が来ても、僕らも忘れているから「あー、そんなのあったよね」って反応するんです。でもそうなると、新しいコンテンツが全く生まれなくて、同窓会みたいな感じになっちゃう。だから、僕は年に1回じゃなくてもっと定期的にやりたいんです！

「無茶振りしても上田

——おぉ、それはリスナーにとってかなりの朗報です。ぜひ実現してもらいたいです。

有田　この前の放送の後にもスタッフにちゃんと言いました。「ちょっとこれじゃあダメだよ。この前と内容が同じだから」って。だからせめて年に3、4回ぐらいは放送して、もうちょっと新しい展開を作っていきたい。だってレギュラー放送の時はフリートークのなかから何かネタが生まれたり、とんでもない角度からハガキが来て、それが次の週につながったりしていたんですよ。

2008年12月30日の最終回終了後、ニッポン放送の玄関にて。たくさんのファンが集まり、くりぃむしちゅーの二人を見送った。

——そうですよね。ぜひ期待しています。それでは、最後にリスナーにひと言お願いします。

有田　レギュラー放送が終わって12年。僕はもう50歳ですけど、不定期放送でもニッポン放送のスタジオに入ってマイクを前にすると、あの頃の感覚に戻れるんです。自分自身が何も変わっていないことに気付くんです。

　きっと、リスナーの皆さんも同じ気持ちだと信じています。これからも、当時と変わらずにバカなハガキを送って参加してもらえたらこれほど嬉しいことはないですね。

PROFILE

有田哲平

Arita Teppei

1971年2月3日生まれ。くりぃむしちゅーのボケ担当。『しゃべくり007』や『全力！脱力タイムズ』など、多数のテレビ番組に出演。2016年に結婚、2020年に第一子が誕生した。

巻頭企画

Special INTERVIEW

上田晋也

【くりぃむしちゅー】

深夜1時に部室に
行っていた感覚でした

「うんこ、ちんこ」番組を70歳になっても続ける

――『くりぃむしちゅーのオールナイトニッポン』の放送内容をまとめた書籍が発売されることになりました。ズバリ、上田さんにとってどんな番組でしたか？

上田　毎週放送していた時期がありがたかったんだな、ってしみじみ思いますね。ただ、正直、番組っていう気持ちはあまりないんですよ。僕のなかでは高校の頃の部活の延長みたいなイメージなんです。だから、たいそうなことをしたつもりもなくて、有田と高校時代に部室でふざけていたその延長線上にある。当時は夜中の深夜1時に部室に行って遊んでいる、そんな感覚でしたね。

――上田さんは、番組の前身である『知ってる？24時。』を担当していました。そこからオールナイトニッポンに変わって、心境の変化はあったのでしょうか？

上田　『知ってる？24時。』は一人で担当していた番組でしたけど、僕は二人でやるための助走期間だと思っていました。いつかは有田と一緒に二人でオールナイトニッポンをやるんだっていう青写真が心のなかにあったんです。ですから、そういった意味で「ようやくチャンスが来た」っていう気持ちでしたね。

――オールナイトニッポンはやはり、上田さんにとっても特別な番組だったんですね。

上田　そうですね。っていうのも、僕が学生時代にラジオで唯一聴いていたのが、オールナイトニッポンだったんです。それは山口良一さんがパーソナリティの番組で、有田も聴いていました。その番組に「闘魂スペシャル」っていうコーナーがあって、アントニオ猪木さんが出演していたんですよ。それがきっかけでオールナイトニッポンに興味を持って、ビートたけしさんのオールナイトニッポンも聴き始めましたね。放送内容をまとめた番組本を楽しみにして買って読んでいた思い出もあります。だから僕のなかでは、芸人になったら、オールナイトニッポンのパーソナリティになるっていうのは大きな目標のひとつでした。

――実際にオールナイトニッポンのパーソナリティを担当することが叶って、当時はどんな気持ちで放送していましたか？

上田　やっぱり嬉しかったですよね。でも、嬉しかったんだけどね、初期の頃に『くりぃむしちゅーのオールナイトニッポン』っていう番組タイトルコールを有田が僕にやらせないやり取りがあったんですよ。だから「何だよ、タイトルコールを言いてぇのに。何で言わせてくれねぇんだよ」っていう歯がゆい思いをしていましたね（笑）。

　そういった意味でも、今でも印象に残っているのは、有田が韓国で飛行機に乗り遅れて番組に出られなかった回です。

――それは有田さんが来なくて焦ったからでしょうか？

上田　いや、焦りとかはなかったですね。「お前、ふざけんなよ。飛行機に乗り遅れて仕事に来られないってどういうこと」っていう気持ちは最初はあったんですけど、しょうがない。だから、有田が来なかったことに対しては怒りもあまり湧かなかったんです。

　むしろ、あの時に初めて番組のタイトルコールが言えたから、「やった！」って思いましたね。自分の思い描いていた、タイトルコールからのビタースウィート・サンバが流れる展開を叶えられたからです。

――なるほど。タイトルコールをできたという意味で印象に残っているんですね。当時、上田さんが向かっていきたい番組の方向性はあったんでしょうか？

UEDA Shinya

上田　本当は世相を切ってみたり、政治にモノを申したり、世間に問題提起をするようなラジオをやりたい気持ちもあったんですよ。それは今もね。でも、どうしても「うんこ、ちんこ」番組になってしまう（笑）。

たまに、スタッフやファンの人、子どもの学校の保護者の方に、「オールナイトニッポンを聴いていました」って言われるんです。でも、僕は「いやいや、勘弁してください。良識のある大人が聴かないでくださいよ」って言うんですよ。本当に「うんこ、ちんこ」番組であることは恥ずかしいんです（笑）。

放送前に、「ツッコミ道場！たとえてガッテン！」の投稿ハガキを選ぶ二人。番組についての打ち合わせは、ほとんど行われなかった。

――（笑）。もし番組のなかで裏話があったら教えてください。

上田　そうですね……ハガキコーナーで「ガゼッタ・デロ・ブッコミーノ」というのがあったと思うんです。要は、ある番組でこんな例えツッコミを上田がしていましたっていうのを、リスナーが報告する企画です。

僕のポリシーとしては、例えツッコミはゲストが言ったボケを生かそうと思ってるんですよ。だから、あくまでゲストのコメントを引き立たせるためにやっていたことなんですよ。でも、当時はあのコーナー企画のために、テレビの収録でわざと例えツッコミを入れるようにしていたんですよ（笑）。本番中に無理やりなことを言ったりしてね。

――え？　そうだったんですね。それはなぜでしょうか？

上田　本当に、本末転倒なんですけど、投稿するための材料を

わざとブッコんでいた」

UEDA *Shinya*

提供しとかなきゃ、来週こいつらもハガキの内容に困るだろうと思ってブッコんでたんですわ。だから、「何で俺はハガキ職人のために、この場を犠牲にしているんだろう？」みたいな感覚がありましたね。なので、ハガキ職人に俺は感謝してもらいたい（笑）。

――それはかなり貴重な話ですね。ちなみに、番組内では上田さんの娘さんの話も出ていました。リスナーとしてはどんな子に育っているのかが気になります。

番組の放送開始を記念した１枚。上田さんと有田さんを中心に当時のスタッフやマネージャーが映っている。

上田　娘はとにかく「笑わせれば勝ち」みたいに思っている子に育ってしまいましたね。ちょっと育て方を間違えたかなって（笑）。この前だって娘に、ラーメンを食べるために「蓮華を持ってきて」って言ったんですよ。そしたら、大きなひしゃくを持ってきて、僕が「あー良かった、良かった。これで一気にスープが飲める……ってバカ！　これじゃないよ」っていうツッコミをしたんですよ。そしたら別の日に、また同じボケをしてきたんですけど、僕は気を抜いてて「違うよ。蓮華だよ。蓮華を持ってきて」って言ったら、娘が冷めた表情して「え？　何？　ツッコまないわけ？」って言うんです。最近は僕にまで説教するぐらいなんですよね。だから、家で全然気が抜けなくて、ボケたら拾わないと娘に怒られるんです。

――（笑）。その話を聞くと、まるでレギュラー放送時に「ツッ

コミ道場！たとえてガッテン！」に出てきた投稿内容にそっくりですね。

上田　そうなんですよ！　だから、当時のハガキ職人は、何でうちの娘が言いそうなことをとらえて書くことができたんだろうって思う。あれは、本当はうちの娘が書いたんじゃないかって思う時があるぐらいなんです。

――くりぃむしちゅーはテレビの人というイメージが強いと思います。上田さんが考えるラジオならではの魅力があれば、教えてください。

上田　僕は、ラジオのほうが素の自分に近いと思います。もちろん、テレビだって演技をしているわけじゃないですよ。でも、ラジオのほうがより等身大かなと。例えば、テレビだと何のプランもない話はできないし、仮にしてもカットされてしまう。でもラジオだとそこからまた派生して何かが生まれて広がっていく。だから普段無意識に考えていることが出やすいメディアなんだと思います。僕は普段じゃ下ネタなんて一切言わないんですけど、ラジオだったら言ってもいいかなって思うこともあるくらいですから。

番組放送100回を記念して東京ドームシティ内で行われた野外イベント。たくさんのファンが集まり、盛り上がりを見せた。

――リスナーにとって嬉しいコメントですね。では、今後のオールナイトニッポンに対する意気込みを教えてください。

上田　先ほども言ったように、本当はもうちょっと聴いてくれる人の身になるような番組をしたい気持ちもあるんですよ。でも、残念ながらこの番組は絶対

「ハガキ職人のために

にそうならない。絶対にね（笑）。でも、逆に言えば、60歳、70歳になって「うんこ、ちんこ」番組をやっていたらすごくないですか？　もちろん、それを誰が聴いてくれるのかはわからないです。ただ、実行出来たら、ある意味、それは本物だなって。だから我々のオールナイトニッポンは今後も「うんこ、ちんこ」番組を続けていこうと思っているんです。

――まさか上田さんの口から「うんこ、ちんこ」番組を継続する宣言を聞けるとは思いませんでした（笑）。最後に、番組を楽しみにしているリスナーに向けて、一言お願いします。

上田　本来ならば芸人は、年齢を重ねるごとに円熟味が増してくるのが理想だと思います。発言にも含蓄があるのが一流の芸人ですよ。でもこの番組に関しては、変わりません（笑）。安定感のある「うんこ、ちんこ」になります。ですから、聴きながら成長していきたいという気持ちがある人は満足できないと思います。でも逆に、12年前と変わらないあの頃と同じ感じで、ノスタルジックな気分に浸りたい方には、ぜひこれからも聴いてほしいです。

テレビ番組『銭形金太郎』のロケに合わせて、北海道・知床から中継した第32回。番組唯一の地方からの放送だった。

PROFILE

上田晋也

Ueda Shinya

1970年5月7日生まれ。くりぃむしちゅーのツッコミ担当で、例えツッコミを得意とする。現在は、バラエティから情報番組のキャスターまで幅広く担当。二児の父親でもある。

くりぃむしちゅーのオールナイトニッポン

名言&神トーク集 Part 1

数々の名言や神回が生まれた『くりぃむしちゅーのオールナイトニッポン』。当企画ではフリートークを中心に、その軌跡を振り返る。名言の記録集としてたっぷりと楽しんでほしい。

こんなシーンで使ってみよう!

番組ファン以外にはギャグだとわかりづらいが、汎用性は高い。会話を切り出す際に使ってみよう。

二人のフリートークはいつもこのフレーズから

オープニングで、有田が発するお馴染みのフレーズ。これに対し上田は、初期の頃は「高田文夫か!」や「まいってねぇだろう!」と丁寧にツッコんでいたが、後半は「どうしたの?」「今日もかい?」などと発言を受け入れるようになる。また、番組中期にはコーナー企画「いや、まいったね」も誕生。嬉しい場合の「いや、まいったね」(テノール編)と、辛い状況を表す「いや、まいったね」(バス編)に分かれて、リスナーがハガキを投稿した。

※（　）内の放送回は必ずしも初出の回を表していません。

「俺、イズムあんのよ〜」

(第033回)

上田

リスナーから批判が殺到した上田の一言

上田がMCを担当するテレビ番組『おしゃれイズム』を、「イズム」と略称したことが番組内で物議を醸し出すことに。次週のオールナイトニッポンで、リスナーから批判の投稿が殺到。以降、番組のコーナー「たとえてガッテン！」などに頻繁に登場するようになる。

「もういっちょ集合!」

（第044回）

＼こんなシーンで／
＼使ってみよう!／
部活ではもちろん、友人と遊ぶ約束する際に使ってもいい。ただし、ビジネスシーンでの使用はおすすめしないぞ。

済々黌高校ラグビー部・まさきよ監督の口癖で、部活の練習で部員を集める時に使う言葉。その日の初めての集合でも、必ず「もういっちょ」とつくのがポイント。

「ラジオネーム、せんずり……ん……?あ、せんずり」（第033回）

人気ハガキ職人の「せんずり」からの投稿を読む際に行われていたお約束のパターン。有田、上田ともにラジオネームを二度繰り返すことで「せんずり」を強調して楽しんでいた。

有田「テレビとかレディオとか」
上田「ラジオって言えよ、そこは」

（第126回）

偽の番組終了告知でのやり取りの一部。以後も、有田は気取った言い方の「レディオ」を使って、上田がサラッとツッコミを入れるのが定番となっていた。

上田
「ドッカーン
っていうぐらいの感じでさ」

（第090回）

有田が番組をドタキャンした見返りに、上田が放送中にボクシングのDVDを見てよいことが決定。その流れのなかで放ったのが上記のコメントだ。余りにも意味不明な発言だったため、放送中にも関わらず、リスナーから疑問を呈する投稿が送られてきた。

上田
「1曲いっちゃう、何つってさ」

（第023回）

曲紹介でのシーンにて。このフレーズの後に上田はわざと曲のタイトルを間違えて、有田がツッコむというのがお決まりだった。

有田
「寒いわね」

（第031回）

FMラジオをイメージしたキャラクター、スターダスト有田の鉄板フレーズ。冬の時期になると、1時を知らせる時報とともに、この一言から番組が始まる。オルゴールのBGMが流れるなか、内容のないフリートークを展開していた。

上田
「お寿司は何だか楽しいよ」

（第099回）

「お寿司」から「騎乗位」にラジオネームを変更しようとしたリスナーが登場。下品なラジオネームに改名させないために上田が苦し紛れに放ったコメント。

有田 「打たれたくないわけでしょ。じゃあ何で投げてんだろうなってまず思いますよ」

上田 「投げなきゃ始まらねぇからだよ」

有田 「いや、でも本当に打たれたくない人は投げなきゃいいなって。
俺は正直
上田さんに打たれたくないんですよ。
球弱いと思われたくないから。
だから投げませんしね、上田さんにボール」

（第108回）

パワプロ大会の話の流れから野球の根本について話し合っている時の一幕。そもそもの野球のあり方について疑問を感じた有田が、支離滅裂なトークを繰り広げるなど、第108回は有田ワールドが全開だった。

上田

「有田はゴミメガネだよ、仮に
メガネをかけてた場合ね」
（第058回）

韓国のカジノでボロボロに負けて所持金が底をついた有田。番組内では、面識のない一般人や芸能人の美川憲一さんにお金を借りたことを報告。そんなうらびれた相方に対して、上田が放った一言。

上田

「口をつぐむわけにはいかないか」
（第081回）

上田が困った場合によく使用する伝家の宝刀。元々は済々黌高校の同級生だった「ブリーフ」ことナカムラ氏が「お前、童貞だろ？」と追及された際に使っていた言葉である。

こんなシーンで使ってみよう！

触れられたくない話題になった時に◎。「その件について黙っておくわけにはいかないか」と合わせるとベターだ。

「くりぃむしちゅーさんお疲れ様でした。
マイクロフォンは
こちらに預からせていただきます」

当時、深夜３時から放送していた『オールナイトニッポンエバーグリーン』のパーソナリティ・斉藤安弘さんの決まり文句。柔らかな口調に癒やされたリスナーも多いだろう。

「今日は帰って明日の試合より、まず宿題をしろ」

「いや、でも明日は……」

「なんか？」

「試合が……」「なんか？」「大事な……」「なんか？」「はい……」（第044回）

相手を委縮させたり、有無を言わせない時に有効だ。もちろん、真剣な議論やビジネスでは使わないようご注意。

相手に反論の余地を与えない伝家の宝刀

済々黌高校でラグビー部の顧問を務めていた黒瀬先生。その口癖のひとつが「なんか？」だった。これは熊本弁で「何なんだ？」の意味を表す。黒瀬先生は何も起きていないのに「なんか？」で生徒を問いただす癖があり、相手の返答が終わる前に、「なんか？」を挟み込むことで相手に反論をさせなかったのだ。『くりぃむしちゅーのオールナイトニッポン』では、人気フレーズのひとつとして支持を集めた。

有田

「全国総ゴミメガネ宣言」

（第132回）

女性は全員ゴミちゃん !?
まさかの発言に支持殺到

４月30日をゴミメガネの日として、有田が「全国総ゴミメガネ宣言」を発表。当時、女性不信に陥っていた有田が、世の女性をゴミメガネことサブ放送作家のホンマと思って接することを誓った記念すべき日だ。携帯の待ち受け画面にゴミちゃんを設定するなど、リスナーからは支持の声が多数集まった。

「お前、テーマは何なの？いまそのファッションは」「非現実的です」（第153回）

ユニセックスなファッションを志向するゴミちゃんが、しばしば番組の話題に。「非現実的」を説明するにあたってゴミちゃんは、「足元だけはストリートのテイストを残しつつ、上半身にいくほど非現実的になって、胸元あたりでは否定的」というコメントを残した。

上田

「手頃だねえ」（第033回）

上田が高校の頃、１万円のポロシャツを買った時の名言。本当はかなり高額だと思って手が震えていたが、上田特有の見栄を張って出たフレーズだ。

有田

「堺さんは民芸品ですか？」（第151回）

ゲストの堺正章さんに、有田がふざけて放った意味不明な質問。番組内の罰ゲームの一環で行われた。他にも、「堺さんは何のつもりで生きてるんですか？」「抹茶とマチャアキの違いは何ですか？」「かくし芸なのに何で披露するんですか？」などの質問を立て続けに浴びせかけ、堺さんが「表に出ろ」と苛立ちを見せる場面もあった。

有田 上田

「飛ばしてはくれてんのねぇ」

（第029回）

数ある失態を残す
ババアを象徴する言葉

うっかり、言い間違い、勘違いなど、仕事のミスが多いおばさんマネージャー・大橋（現在はくりぃむしちゅーが所属する事務所の社長）に、有田と上田が使うお馴染みのフレーズ。失態に呆れていることを意味する言葉だ。

＼こんなシーンで使ってみよう！／

ドジなキャラクターで定着している同僚や友人が、ちょっとしたミスをした時に使ってみるといいかもしれない。

「濡れとるやないか！」

（第057回）

「たとえてガッテン！」に多用された名フレーズ

くりぃむしちゅーと同じボキャブラ世代であるノンキー山崎さん（現・ヤマザキモータース）のギャグ。パラダイスチャンネルにて、人妻の股ぐらに指を入れた後に放っていたゲスな一言である。他にも「勃っとる！勃っとる！」などの名言も持つ。

上田

「まぁ…たのし…かった…よねぇ」

（第106回）

番組終了という偽のお知らせに、上田が悪ノリした時の一言。しかし、リスナーからはメガネ大根らしい演技に注目が集まってしまった。また、この後に「ありがとな〜」「俺、湿っぽくなるの好きじゃねぇから」というフレーズが続くのがお決まりだった。

＼こんなシーンで使ってみよう！／

卒業式や退職時など、別れのシーンにおすすめ。その後の「ありがとな〜」などの補足フレーズもお忘れなく。

上田

「木下、冷静だけどバカなんだよ」

（第072回）

「スターダストNIGHT」に登場する謎のキャラクター・木下マネージャー。冷静な話しぶりである一方、スターダスト有田と一緒になって内容のない会話を展開しているタチの悪さに、上田がひとツッコミした。

「35歳になって毎日オナニーしているとは思わなかったわよ」

（第103回）

スペシャルウィークにて「デラックス人生相談」企画に出演したマツコデラックスがブッコんだ強烈な一言。当回では終始、赤裸々なトークが展開された。

「ちょっと
よかですか？」

（第044回）

こんなシーンで
使ってみよう！

相手に話しかける時のフレーズ。ただ、相手が番組ファンでなければ、ただの熊本弁になってしまうので注意。

済々黌ラグビー部の顧問である黒瀬先生の口癖。話を切り出す際に頻繁に使う。また、話を終える時は「僕から以上!!」で締めるのがセットになっている。

有田「よくよく最近考えてみて、自分何が足りないかなって思ったら、1個だけあったんですよ」

上田「いっぱいあるよ。てめいには」

有田「欠けている点が」

上田「いっぱいだよ。ほぼ全部だよ」

有田「上田さん、ちょっとほんと黙ってもらっててていいですか」（第100回）

有田がフリートークを始めようとしている時に上田がちゃちゃを入れるシーンにて。二人にしか醸し出せない絶妙な雰囲気とトークが◎だ。

上田

「燃える肛門、アンモニア有田」（第104回）

二人が高校生の頃、新日本プロレスの試合を見るために、熊本の水前寺体育館に訪れたことがあった。このフレーズは、肛門がヒリヒリして熱くなり、前座の試合から立ち上がって応援した有田へ上田が放った言葉。この後、有田は「ぎょうちゅう７年戦争」へと突入する。

「あん、哲平、
そなたの一物、セラミック」

（第109回）

有田と熱愛報道された女医の西川史子先生の発言。『哲平・史子のラブラブナイトニッポン』にて。

上田

「MCって急に、どこか喋らせてもらえませんかみたいな入口で入るの？」（第097回）

番組のジングルを担当した音楽グループ「Remark Spirits（リマーク・スピリッツ）」とのトークにて。MCを担当しているメンバーに対して、上田が放ったド天然発言が話題に。

2007年名言大賞
3位にランクイン

上田が使うお馴染みフレーズ。しかし、番組内で本人は頻繁には使わないと否定している。フレーズの意味は「問題ない、差し支えない」である。ちなみに、番組での初出は無茶振りでのやり取りのなかで生まれた、「和食ととらえてもらってかまわんよ」だった。

こんなシーンで
使ってみよう！

相手の要望や依頼を受け入れる時に◎。上田のような、懐の深さをアピールすることができるぞ。

上田

「これは俺の髪の毛だと思う?陰毛だと思う?2択だぜ」

（第054回）

有田が上田に提案した笑わせるための秘策

2006年の24時間テレビの出演を直前に控え、涙もろくなった有田が本番で泣かないための対策として考案。その内容が、上田が自身の体毛を抜き、有田にクイズを出題するというものだった。結果として、「正解は陰毛でした」というオチとなるのが理想だ。

有田

「……だったというか時間の無駄だったというか……」（第031回）

上田へ月に１度の「無茶振り」をさんざんした挙句、最後に有田が述べる締めくくりのフレーズ。

上田

「今日まで〜」（第067回）

「あーはぁーライン」の企画を終了することを決めた時に出た名言。同放送回では、上田が曲紹介でふざけるのも「今日まで〜」となった。

有田

「返り血を浴びながらプシューッてなっているお母さんの目の奥、つまり子ども越しに見える後ろには、日本刀を持った人が近づいてきているんですよ。子どもを斬ってやろうと思って。なのに『そんなの関係ねぇ』と言っているお母さんの心境。これはバスです」

上田

「お前……何言ってんの？」（第108回）

「いや、まいったね」のコーナーにて。子どもが転んで泣いている状況で、その母親が小島よしおのギャグ「そんなの関係ねぇ」をしながら、あやしていたという投稿に対して、有田ワールドがさく裂！

有田

「何プニいただけますか?」

（第128回）

ぷにすけ・パチェコのコーナーにて。リスナーの投稿ハガキに対して、「ぷに」と「パチェ」の単位で評価を決めていた。番組が終わった現在でも、この単位の意味は謎のままである。

上田

「そいつはすげえや」

（第105回）

これ以上話しても無駄だと思った話題や相手に上田がよく使うフレーズ。プロレスの魅力を紹介しても、相手に伝わらなかった時に使った言葉として番組内で紹介された。

こんなシーンで使ってみよう!

相手をあしらう場合やめんどくさい話を切り上げる際に有効。使いどころを間違えると、反感を買うので注意。

「お前なんか土に埋まって死ね」

（第051回）

テレビ番組『銭形金太郎』の地方ロケに行った有田。その時に、子どもたちに顔を畑に押しつけられて言われた強烈な一言。

「上田はだーうえ星から来た」

（第080回）

メイトーことマネージャーの斎藤が、メイド喫茶にハマっていることに困ったくりぃむしちゅー。「メイド星から来た」というメイドの主張を本気で信じているメイトーに、くりぃむしちゅーの二人が言ったおふざけだ。

有田

「パイオツとツーケー」

（第122回）

37歳の誕生日を迎えた有田。上田に結婚相手に求める条件は何かと聞かれて答えたのが、業界用語によるおっぱいとケツ。ちなみに、その代わりに有田が自信を持って女性に提供できるのはタマキンだと宣言した。

じるな。
は持て」

（第104回）

リスナーによるツッコミ分析に
たまらずこぼした一言

番組中期頃から、人気コーナー企画「ツッコミ道場！たとえてガッテン！」にて、上田のツッコミやリアクション、心境を読む投稿が増加。それに対する上田のコメント。だが、上田が拒否反応を示すほどリスナーは盛り上がっていった。さらに番組後期では、上田のブッコミをいじる企画「ガゼッタ・デロ・ブッコミーノ」を実施したところ、「俺をいじるな。そして興味も持つな」に変化する。なお、「俺を分析するな」といったパターンも存在する。

上田

「俺をいでも興味

エイトブリッジ

Special Interview

2020年、ブレイクを果たしたエイトブリッジさん。くりぃむしちゅー後輩芸人として知られた二人だが、取材を進めていくと、熱烈な番組リスナーであることが発覚。自分たちの芸風に影響を与えた番組への想いとは? 前回放送の裏話も聞いた。

Profile 左/別府ともひこ、ボケ担当。右/篠栗たかし、ツッコミ担当。2020年『ぐるナイおもしろ荘』を優勝して、売れっ子芸人の仲間入り。

何周も聴き込んで芸風にも影響を受けた

——エイトブリッジさんと言えば、前回放送のフリートークで別府さんのお話が出ました。

別府 はい、実はあの日、僕らもスタジオにいたんです。当日の朝に有田さんとゴルフに行ってたんですけど、「ラジオ来る?」って誘っていただいたんです。それで、ぐり(篠栗さんの愛称)にも連絡して見学させてもらいました。

——じゃあ、あの日は現場でお話を聴いていたんですね。

別府 そうなんですよ。見学のつもりだったのに本番を聴いていたら、まさか自分の話が出るとは思っていなかったんで驚きました。学生の頃から聴いていた番組なので、すごい感動しました。ただ、話の内容が内容なので、一瞬頭を抱えましたね。あれを話すのかーっていう感じで(笑)。

——(笑)。確か、「うんティッシュ」のお話でしたよね。

別府 はい。ただ、実はあの話は結構盛られている部分があるんです。お尻にティッシュがついていたっていうオチで終わるんですけど、本当はティッシュじゃなくてうんこがついていたんです。でも有田さんが「お前の名誉のために変換しておいたぞ」って言ってくれて。

「うんティッシュ」は、本当はついていたんです

篠栗 それは盛っているんじゃなくて、差し引いているんだよ。

一同 (笑)。

——そもそもの話になりますが、お二人は『くりぃむしちゅーの

オールナイトニッポン』のリスナーだったのでしょうか？

篠栗　そうですね。もともと別府ちゃんが学生の頃から聴いていて、それを「こんな面白い番組があるんだよ」って僕に教えてくれて、僕も聴き出すようになりました。今では二人とも何周も聴き返すぐらい好きなんです。

別府　僕の周りの芸人もみんな聴いていますね。「先行ってかんな」「僕から以上!!」とか、モノマネしたりしています（笑）。

　あと、この番組のリスナーならではの話で言えば、実は僕ら二人ともよしだただひろさんにツイッターをフォローしてもらっているんですよ。

――よしだただひろさんって、ハガキ職人のせんずりさんですか？

篠栗　そうです。あのせんずりさんです（笑）。それをこの前、上田さんに伝えたら、「素人にそんなことされて喜ぶんじゃないよ」って冗談半分に怒られたんです。でも僕らからしたら、それぐらいリスナーにも敬意を持っているんですよね。

――実は、エイトブリッジさんの芸風にもこの番組が影響しているとか？

篠栗　はい、僕は別府ちゃんとコンビを組む前はずっとツッコミを担当していたんです。バイオレンスで強い口調のツッコミが面白いと思っていた時期があったんです。でも、この番組で上田さんのことを研究したら、強い口調だけじゃなくて、1回受け止めるとか、別のところで話を転がすとか、そういう方法もあるんだと気付くようになったんです。ただ、それを真似しようとするとなかなか上手くできないんですけどね（笑）。

――別府さんは有田さんの運転手を務めていて、篠栗さんは現在も上田さんの運転手をしています。お二人のなかで、くりぃむしちゅーさんとのやり取りで印象的な思い出はありますか？

別府　くりぃむしちゅーさんが熊本地震の復興のために実施しているチャリティトークライブイベントに参加させてもらったのが印象に残っています。

篠栗　あれは嬉しかったよね。基本的にゲストを呼ばないライブなので、たぶん僕らが唯一のゲストだと思います。しかも、今よりもまだ知名度が全然低い頃に舞台に上げてくれたんです。お二人が〝空気〟を作ってくれて、何を喋っても上田さんが笑いに変えてくれるんですね。一生の思い出に残る経験でした。

――最後に、お二人だけが知っている、普段の有田さんと上田さんの〝こんな一面〟について教えてください。

別府　僕は、有田さんに私生活でもお世話になっています。この前も僕が引っ越した時にそのお祝いでテレビを買ってくれたことがありました。で、テレビが届いてセッティングしようと思ったら、有田さんが「配線は俺にやらせてくれ」って言うんですね。レコーダーも一緒に買ったんですけど、それも有田さんが配線をセッティングしてくれたんです。だから、有田さんは相当な配線好きですね。

一同　（笑）。

――配線好きってあんまり聞かないですね（笑）。篠栗さんはいかがでしょうか？

篠栗　ついこの間の話なんですけど、マネージャーが上田さんの現場の入り時間を間違えた日があったんです。ただそのマネージャーはミスを多発するような人ではないので、「大目にみるか」って言って、上田さんは優しく対応していました。でも、いざ、現場に着いた時に上田さんが一言。「いやー、まいったね」って言ったんですね。ラジオを聴いていた僕からしたら、「うわー、上田さんがまいったね」って言うんだって思って、ちょっと感動的でした（笑）。

リスナー大好き!! あのキャラ あのコーナー あの事件

放送期間こそ短けれど3年半にわたる番組のなかで、
名物キャラクターや人気のコーナー、
思いもよらぬ事件がたくさん起きた。
リスナーなら誰もが覚えているだろうエピソードを
厳選して紹介する。

有田、韓国から帰れず番組初のスタジオ欠席

2007.05.08

罰ゲームで韓国にいる女性をナンパするも……

2007年5月8日。この日の『くりぃむしちゅーのオールナイトニッポン』は、いつもと違った。お馴染みのフレーズ「まいったね」で始まったものの、それを発したのは有田ではなく、上田のほうだった。異変に気がついたリスナーが耳を傾けると、その後に続いた言葉がなんと「有田が来ません」だったのである。

その週末、有田はアンタッチャブルの山崎と一緒に韓国に旅行。オールナイトニッポン放送当日の夕方に成田空港に戻る予定だったが、現地のクルマ渋滞のため飛行機の搭乗に間に合わず、番組を欠席することになったのである。

もちろん、有田に落ち度はないので、仕方のないこと。しかし本人に電話をつないだところ、現地のカジノでギャンブルをしていたことが発覚。反省の色が見られないということで、本番中に罰ゲームをすることが決まる。

その罰ゲームとは、韓国で女性をナンパすること。失敗したら、当時、有田がハマっていたパワプロの選手データを消すというものだった。しかし、深夜のため、ナンパできる女性は見つからず、ひとつふたつと選手データが消えていくことに……。さらに、代役を務めたコトブキツカサが有田のナンパテクを暴露する一幕もあった。

理不尽極まりない!? まさきよ監督による「ぷ、ぶん殴られ事件」

2006.05.30

「痛てぇ、ちょっと保健室に行かせてください」

上田の小学校時代からの同級生で、済々黌・ラグビー部員にナカセタケシという人物がいた。彼のあだ名は「ぷ」。由来は「なに？」と言う時の発音が「ぷ」に聞こえるためだ。

そんな彼の代表的なエピソードに挙げられるのが「ぷ、ぶん殴られ事件」である。有田と上田がラグビー部に入ってまだ1カ月ぐらいの時期だった。部活の練習で、高く上がったボールをどのようにして取ったら良いのかということを、まさきよ監督がレクチャーすることがあった。

相手役に選ばれたのが「ぷ」ことナカセタケシ。まさきよ監督の身長はおよそ165㎝、「ぷ」の身長はおよそ185㎝。まさきよ監督は、高いボールを取るためには、ジャンプをすると効果的だということを伝えようとしたのだが、圧倒的身長差のためボールを取ったのは「ぷ」だった。

みんなが見ているなかでボールを取ることができなかったまさきよ監督は、なんと「ぷ」のボディにパンチを一発お見舞い。体を「く」の字に曲げた瞬間にボールを奪うという暴挙に出る。そして、最後に「な？　これでボールを取れただろ」と自慢げに一言。しかし、腹を殴られた「ぷ」は、「痛てぇ、ちょっと保健室に行かせてください」と散々な結末を迎えることに……。

裸足で出場して活躍!「ぷ、スパイク事件」

2006.06.06

試合後のグラウンド整備で見つかったものとは?

こちらも済々黌・ラグビー部の「ぷ」こと、ナカセタケシのエピソードだ。彼は無頓着な性格だった。例えば、スパイクは半年に1度ぐらいの頻度で新調するのが普通だが、「ぷ」は買い替えない。靴ひもが切れたら、スパイクの穴に通す数を省き、試合では足元がぱっかぱっかになってプレイするのだ。

だが、そんな状態ではスパイクは脱げる。案の定、ある日の試合でスパイクを紛失。当日は雨が降っており、グラウンドが泥だらけだったため、探しても見当たらない。そこで、他の部員にスパイクを借りようとするも、巨漢で足のサイズも大きいため、貸せる人が現れず……。

結果、「ぷ」は「まいったな」と言って素足で後半の試合に臨むことに。しかし、そもそもラグビーはスパイクで土を噛んで、踏ん張る競技。スパイクがないハンディは相当なものだ。

そんな状況にも関わらず、「ぷ」は敵陣にどんどん突っ込み、相手のラインを突破。さらに、タックルを決めて、試合を勝利に導く奇跡的な活躍を見せたのである。そして試合後、部員がグラウンドを整備していると、上田のトンボにあるものが引っ掛かった。泥からすくい上げてみると、それは「ぷ」のスパイクだったのである。

童貞たちのたくましき妄想力が見事に開花！

2006.10.17

淫乱な女コマンドーが登場！

「第７回童貞妄想選手権」を開催するきっかけは、リスナーによる電話タイトルコールだった。第60回の放送で出演したリスナーが、童貞を卒業する時のシミュレーションを披露。それに有田が反応して盛り上がったのである。

そこで、当時のディレクター長濵氏の判断のもと、セクシー女優の蒼井そらちゃんをゲストに迎え、リスナーが投稿してきた理想の状況を再現するレーティング企画が実現した。

数ある優秀な作品のなかで、人気の高いネタのひとつが上記のイラスト「女コマンドー」だ。妄想シチュエーションは男子高校生が女性教師に家庭訪問されるという定番もの。

しかし、家の呼び鈴が鳴って、男子高校生が玄関に迎えに出ても、誰もいない。「誰だ？」と声を上げる男子高校生。すると、そこに「私よ」の一声とともに登場したのが、女コマンドーだった。彼女は男子学生の股間を握りしめながら、卑猥な言葉を投げかけてシコシコ、シコシコ。童貞を卒業するという設定だった。

なお、第70回では「第8回童貞妄想選手権ワールドシリーズ」も開催。徐々に文学的な作品も多くなり、当初は否定的だった上田もこの企画に乗り気になっていた。

ベッキーネタで
多数の下ネタを投稿
ロングラン謹慎!

2006.07.11

ロングランと上田が見事な応酬を見せる

絶妙な金額設定を考える企画「あーはぁーライン」で、盛り上がりを見せたのが、RN・ロングランの投稿だ。

「ベッキーの財布の中身をチェックしたら、コンドームが出てくるハプニングに出せる金額はプライスレス」といった、ベッキーに集中した下ネタを多数投稿。あまりの下品な内容に、上田から1カ月ハガキ謹慎処分をくらうも、その後も頻繁に登場。彼のネタと「ロングラン！」という上田のツッコミに爆笑したリスナーも多いはずだ。

生放送中に
ボクシング鑑賞!?
上田八百長ボイコット

2007.05.29

リスナーからの人生相談も解決!?

P37に記載した、有田の番組出演キャンセル事件。その次の週の放送では、見返りとして上田も八百長で放送をボイコットしてよいことが決まった。当初は番組を欠席する案も出たが、最終的には生放送中に上田の好きなボクシングのDVDを観てよいことに決定。その模様がわかるのが第91回で、冒頭から上田がボクシングのDVDを鑑賞。有田との話が噛み合わず、“ギリギリ”なトークを展開する……。その状態のまま、話半分でリスナーの悩みも解決した。

亀田興毅と対面!?
まさかの「チャンプ」
発言で大失態

2007.03.13

得意気に語るも相手はそっくりさん

亀田興毅対ランダエタのボクシング世界戦が行われた翌日。上田は、楽屋でその試合について、玄人ファンらしく詳しく解説していた。すると、テレビ番組で亀田と共演すると知らされた上田。彼はミーハーな気持ちを抑えられず、スタジオに駆けつけ、周りを押しのけて握手。「見てみろよ、顔に傷がついてないわ」、「チャンプ」などと言って、シタり顔を披露。しかし、その人はなんと“そっくりさん”。本人と偽物さえも区別できないという失態を犯したのである。

黒瀬先生と部員の応酬のきっかけに!「カレー事件」

2006.06.06

部員とコミュニケーションを図ろうとするも……

毎年、済々黌・ラグビー部は春合宿を学校の近くの多士会館という場所で開催していた。上田と有田が在学していたその年も２泊３日で行い、猛練習を実施して身体と技術を鍛えていた。

ところが、合宿中に多士会館の管理人がブチ切れたことがあった。きっかけは、部員の誰かがトイレにクソを詰まらせて放置したため。だが、顧問の黒瀬先生は部員がさんざん説教されたにも関わらず、なぜかその場にいない。

後でわかることなのだが、その時、黒瀬先生は食堂でご飯を先に済ませていたのだった。しかもクソの件で怒られているのに、食べていたのはカレー。挙げ句、部員らがそんな黒瀬先生を批判的に見ていたら、お馴染みの「なんか？」で威嚇する始末だった。腹の虫が収まらない部員たちは、「黒瀬のことを無視しよう」と決める。

そんな雰囲気を黒瀬先生も察知してか、夜の入浴の時間、「お前らのなかでちんこば、握る奴がいるのかい」と意味の不明なギャグをブッコむ。しかし、部員たちは誰も笑わない。そこで、「おい、コミュニケーションを取ろうとしてきているから、誰か答えてやれ」と大きな声で上田が言うと、黒瀬先生が「上田！やかましい」と激怒したのがこの事件のあらましである。

「白瀬、死ね」に黒瀬先生が落ち込む

2006.06.06

黒瀬先生に対する部員の不満が爆発

これは「カレー事件」の後日談である。部員がへとへとになって練習しているところ、これ見よがしに、木陰で休んで癇に障るような行動をする黒瀬先生。部員たちが練習を終えると、頭にきた同級生の一人が多士会館に戻って、教室の黒板に「黒瀬、死ね」と書き込んだ。

さすがにそれはやり過ぎだということで、有田が「黒」を「白」に変えて、「白瀬、死ね」と変更。部員同士でゲラゲラ笑っていると、タイミング悪く、その場に黒瀬先生が来てしまう。

黒瀬先生は黒板に書かれた文字を５秒ほど見て、怒るでもなく黙って黒板消しを手に取る。その背中は哀愁が漂っており、有田と上田の目にも落ち込んでいるように見えた。

その後、勉強の時間になっても、コミュニケーションを取ってこない黒瀬先生。いつもの調子と違っており、「白瀬、死ね」が相当応えているように見受けられた。教室の端っこで読書をして、生徒たちが喋っていても注意しないのだ。

しかし、おもむろに黒瀬先生が読んでいる本を見ると、そのタイトルは「黒と白」……。

この挑発的な行為に対して、部員も応酬。黒瀬先生がトイレに行っている間に「黒瀬と白瀬」というふうに書き足したのだった。

現場マネージャーがメイド喫茶にハマるメイトー誕生

2007.02.20

メイド喫茶に通い詰めるも、数カ月で「完全メイド決別宣言」

くりぃむしちゅーの現場についていたマネージャーに斎藤という若い男性がいた。当時、テレビ番組のメイド喫茶のロケに同行したところ、普段は物静かな性格の彼が、その日ばかりは前に乗り出して興奮。そのロケをきっかけに、たった２週間で40回もメイド喫茶に通い詰め、くりぃむしちゅーを驚愕させたのだ。番組は、突如生まれた新星キャラ、メイトーで大きな盛り上がりを見せる。

しかし、彼の熱中ぶりはあまりにも度を越えていた。メイトーは「メイド喫茶のイメージを払しょくするのが僕の目標です」と豪語し、メイドがメイド星からやって来たことを本気で信じ込む入れ込み具合。これには、さすがにくりぃむしちゅーも困惑し、「上田はだーうえ星から来た」「小倉ゆうこだってこりん星から来てねぇんだぞ。仮面ライダーだっていねぇんだよ」という内容を話して彼を諭そうとする。

すると、強烈なショックを受けたメイトーは、仕事でミスを連発。事務所の社長に呼び出され、メイド喫茶禁止令を出されてしまう。番組では、「完全メイド決別宣言」と題して、彼の最後のメイド喫茶通いをレポート。メイトーブームはわずか数カ月で散ってしまったのだった。

ファッションセンスのない上田のエピソード

2007.01.30

見栄を張って出た上田の口癖とは !?

くりぃむしちゅーが若手の頃、楽屋で稽古をしていた時のエピソードだ。その日、上田はラルフ・ローレンの帽子を着用してきたのだが、そのデザインをよく見てみると、ブランドロゴが正規のそれと微妙に違うことが発覚する。

有田が追及したところ、上田は「んなわけないだろう。だってこれラルフで買ったもん」と意に介さない。しかし、商品タグを見ると明らかに偽物であることが判明。有田が追及を強めると、上田は「もういいじゃん。お前は口をつぐむことはできないか」と伝家の宝刀でかわす。

しかも、その当時の上田は見栄を張っており、次の日になると、帽子のロゴを黒のマジックで本物っぽく加工。有田が「それだったら被ってこなくていいじゃん」と言うと、「帽子の話を止めておくことはできないか」と返答。挙句の果てには、帽子を全部黒く塗りつぶして着用し、最後はただの黒い帽子になっていたという。

同回で、上田はファッションセンスに自信がないことを告白。くすんだ色の汚い服を着て、「ニコルだからねぇ」、上田の母親が買ってきたボンタン型のジーンズを追及されたら「マックミランだからねぇ」と言ったエピソードを紹介した。

松尾Dの代名詞「51%の思いやり」

2007.09.18

くりぃむしちゅーも辟易とした出来事とは？

第106回では有田のみならず、珍しく上田までもが「まいった」状態で番組がスタートした。

一体なぜか？　二人は、放送前日に番組初代ディレクターである松尾紀明氏の結婚式に出席。おめでたい場で挨拶したという。

しかし、その時の会場は重苦しい空気に包まれていた。というのも、結婚式で物議を醸した人がいたからだ。結婚式に挨拶はつきものだが、とても話が長い人や表彰状を作ってきた人、さらには便箋3枚ぐらいの手紙を用意してきた人など、とにかく長い話を披露し、くりぃむしちゅーは辟易。さらに、ハイライトだったのが、「51%の思いやり」を語った人だったという。「51%の思いやり」とは、議論や喧嘩になった時に、自分の気持ちを100とした場合、51%を相手に譲る。お互いにそうすることで人間関係が上手くいくという内容だ。本来なら良い話なのに、これを伝えるのに費やした時間がなんと20分だった。

結果、有田が「結婚式どうだった？」と聞くと、上田は「話の長い奴は最低だよ」と切り捨てたという。なお、この影響で、すっかり「51%の思いやり」というキーワードが定着した初代Dの松尾紀明氏だが、2016年の放送回では離婚したことが明らかとなっている。

アンタ山崎からの「しました」メールでテンション上がる有田

2006.11.28

山崎のうんこに我慢できなくなった有田が提案

有田とアンタッチャブルの山崎が高速道路でドライブしている時、山崎が「うんこしたいです」と言ったエピソードを番組で紹介。しかし、仲間の間で、山崎のうんこがらみはトラブルが多いことで有名。「ちょっとしたいです」ぐらいで「ヤバいです」と言うため、我慢しながら都内まで行くことになったという。

ビックカメラに到着すると、有田も便意を催し、トイレに駆け込む二人。すると、トイレのなかで「お、おう、うわぁすげぇ。ハンパねぇ」と感嘆の声を漏らす山崎。話を聞くと、生涯ナンバーワンのうんこが出たという。「さすがに他人もいるのにそれはないよ」と諭す有田。

ちなみに、山崎はこれまでに何回もうんこのトラブルがあったため、有田の家ではうんこ禁止令が出ていた。そこで有田は、1日にどの程度、排泄しているかを自覚してもらうために、うんこをしたら「しました」とメールで報告することを提案。

結果、有田の携帯電話には「しました」と4文字だけの謎のメールが届くようになり、有田はそれを見ると、テンションが上がるという。なお、同回では生放送中にも関わらず、奇跡的に山崎から「しました」メールが届いた。

有田&山崎の新ゲーム「なんでんかんでん」

2006.08.15

一緒にいる相手は誰？　それはおちんちんです

当時、有田が山崎と一緒にいる時に楽しんでいる「なんでんかんでん」というゲームを紹介。これは有田が、山崎の携帯電話から適当に女性を選び、電話をかけるというもの。山崎は選んだ相手を知らされず、何もわからない状態でさぐりを入れながら喋るのだ。ゲーム名の由来は、なんでもかんでも電話することから。なお、ある時には山崎が適当に「久しぶり！　また遊ぼうよ！」と言ったところ、伊集院光氏の奥さんだったパターンもあったという。

また、番組内では、「なんでんかんでん」のレベルが上がってきたことを告白。有田がノリの良い女の子を選び、山崎が「うーっす、元気？何してんの？」と切り出すと、女性が「今友達と二人でいるの。そっちは何人でいるの？」と返答。「こっちも二人です」と進めると、「誰と？」と聞かれ、その時に山崎が返す言葉が「俺とおちんちん」なのだ。

さらに、「おちんちんは、この間一緒に飲みに行った時もいたんだよ」などと言っておちんちんの話しかしない山崎。「じゃあ、おちんちんに代わるね」と言って、「もちぃもちぃ、おちんちんです」とモノマネもし、有田は爆笑してしまったという。

FMを意識して誕生!
スターダストNIGHT

2006.12.12

怪奇音をかますスターダスト有田

冬の訪れを告げる名物コーナー、「スターダストNIGHT」。オルゴールのBGM「星に願いを」とともに「寒いわね」の一言で始まり、パスタやダジャレなど、とりとめのない話を永遠と続けるコーナーだ。

初期の2006年頃は、リスナーから「クソをぶっかけた」エピソードを送られてくることが多く、それにスターダスト有田が自身の体験談を披露する“クソなテイスト”が話題に。回を重ねると、アシスタントディレクター・ケンちゃんなる男性人物も登場した。

さらに、中期になるとコーナーは大きく進化する。2007年以降からはテイストが変わり、とりとめのない話を披露しながら、「ヒーヒッ！チキチキ、チキチキ」「おぷっおぷっ……キャーキャー!!」と怪奇音にも似た、笑い声を発するようになるのだ。

この独特の世界観に対して上田は、「もう放送禁止用語でしか表現できないよ」「リスナーは文化放送を５分聴いてから戻って来いよな」と発言。しかし、番組後期になるとスターダスト有田の存在を容認するようになり、コーナーを楽しむ様子も見られた。ハチャメチャな有田の世界観が発揮された人気コーナーだった。

トイレが詰まって あわや大惨事!? 糞便エピソード

2007.01.23

タイミング悪く うんこをして……

当時、一人暮らしだった有田が冷や飯をトイレに詰まらせたことを番組内で告白。便器の流れが悪くなったため、トイレの掃除道具を使って、詰まり具合を直していると、タイミング悪く便意を催したという。うんこをする有田だが、今度は流しても、どんどん水が溢れてきてしまう。結果、トイレ中がうんこの海になって大パニックになったエピソードを紹介した。

なお、次週の放送では業者に連絡して無事にトイレが直ったことを報告した。

隠すほど大好き! 上田がハマった カレー横綱あられ

2007.03.27

売り上げ増加!? 番組でも話題に

くりぃむしちゅー若手時代、上田の自宅に遊びに行った有田。夜中にお腹が減ったために、「何かお菓子ない？」と聞いたところ、上田は「うーん、ない」と返事。しかし、流し場と冷蔵庫の間に、カレー横綱あられというお菓子を隠していたことが発覚。上田が顔を真っ赤にするという事件があった。ちなみに、第123回の放送ではそのエピソードを知ったメーカー・末広製菓から、カレー横綱あられが5、6箱送られるサプライズがあった。

ドッキリのつもりが まさかの事態に!? 上田とブリーフ秘話

2008.02.19

裸で布団に入るも 有田が現れず……

くりぃむしちゅーがお笑いの道に進むことを決めた頃、有田と上田、さらに同級生のブリーフの三人で再会することがあった。上田は有田と久しぶりに会うため、気分が上がっており、布団のなかでブリーフと裸で抱き合って有田を待つという、ドッキリを実行。しかし、有田は予定時間になっても現れない。すると、なぜかブリーフの心に火がつき、上田の尻にかみついて、覆いかぶさるという事件があった。有田が来た頃には、上田とブリーフは気まずい雰囲気だったという。

高校生の頃の上田、野グソ事件

2006.01.17

リスナーの常識 !?　上田の鉄板エピソード

くりぃむしちゅーが高校生の頃の話。学校帰りに有田と上田が服を買おうと町に出かけていた時だった。有田がいつものように話しかけても、上田は反応せずなぜか不機嫌に……。ついには、「うるせぇんだよ、お前。先に帰るぞ」と言って、自転車を飛ばして先に行ってしまった。

しかし、有田が帰宅途中で熊本の大甲橋を通りかかったところ、橋の下にいる上田を発見。「晋也？　何やってんの？」と声をかけると、上田はまさに野グソをしている状態。そんな状況に関わらず、上田は「見んなよ、おめーよ」と逆ギレしたという。

番組では、他にも上田のうんこ話を多数紹介した。例えば、学生の頃に上田はうんこをつけたパンツを洗濯物に出した。それに気付いた妹が、「何これ？」と指摘したところ、「うるせぇ、黙って洗えよ」と言った話を披露。

さらに大人になってからは、深夜に外出中に便意を催して我慢が出来ずに野グソをしたことも。その時、ブランコに座っているかのように見せかけるという手法を取ったが、運の悪いことに通行人に「海砂利水魚の上田さんですか？」と声をかけられた。上田は「これボキャブラのロケなんですよ」とごまかしたという。

ナセンと ヨネモリ先輩 「言ったよ、言った」

2006.05.30

まさきよ監督の矛盾する言動に困惑する二人

済々黌・ラグビー部には多彩なキャラクターがいる。ヨネモリ先輩もその一人で、くりぃむしちゅーの人物評では、「後輩に厳しく接し、時に物わかりのよい人を演じるイケ好かない奴」である。

そんなヨネモリ先輩はラグビー部ではレギュラーメンバーだった。しかしある日、脳震盪を起こして、部活の試合を欠場。代わりに、ナカセこと「ぷ」が出場するも、慣れないポジションのためミスを連発してしまうことに……。

ハーフタイム時にまさきよ監督はナカセに激怒する。その結果、「ヨネモリ、準備しろ」とまさかの指示。先輩の一人が「ヨネモリは脳震盪です」と確認すると、「いいよ、ヨネモリでいいよ」と言ったため、ヨネモリ先輩はアップを開始。しかし、いざ、交代のタイミングになったら、さすがにマズいと思ったのか、まさきよ監督は「お前は脳震盪を起こしているんだからダメだよ」と前言撤回。

困惑したヨネモリ先輩は「俺って言ったよな？」と同級生に確認する。その時にナカムラタイスケが独特な口調で放った言葉が「言ったよ。言った。確かに言った」だった。

若手時代の上田の スキャンダルネタ

2006.07.04

コンパで出会った女性にのめり込み、衝撃的な行動に！

有田と上田がお笑いを始めて2、3年目の頃の話だ。ある日、二人が合コンを開催し、仲良くなった千葉在住の女性がいた。

有田も上田もその女性に入れ込んだ。後日、ネタ合わせの時間になっても「会いたいなぁ」と言って、色ボケ状態になるほどだった。

そんな時、偶然に千葉・浦安のデパートで営業ライブを開催。本番前でも二人はネタ合わせをせず、あろうことか上田は楽屋から飛び出したまま帰ってこない。気になった有田が追っかけると、なんと上田は窓の外を見ながら「あの娘、確か松戸に住んでんだよな。こっちの方向だよな」と言って空を眺めてボケーッとする始末。結果、営業ライブは「恋をしています」という即興ネタを展開し、まさかの優勝を果たす。

そして後日、例の女性が有田の家に遊びに来たことがあった。上田のその女性への入れ込み具合はひどく、女の子と一緒に有田の家に宿泊。途中でライブがあっても、帰ってきた途端、部屋の扉を開けるなり、2秒で胸を揉んで、ディープキスしたという。

なお、この話は放送内では上田に子どもが生まれたことによって、話してはいけないレベルの話になっている。

INTERVIEW

担当、代わりすぎ!?

歴代ディレクター & 構成作家 インタビュー

DIRECTOR & RADIO WRITER

制作秘話を聞いちゃいました!

3年半の放送期間で6人にわたる歴代ディレクターが生まれた同番組。
レギュラー放送が終わった今だからこそ、打ち明けられる裏話や思い出について、
構成作家を含めた8人のスタッフにたっぷりと語ってもらった。

初代

2代目

3代目

4代目

5代目

6代目

構成作家

サブ構成作家

1st DIRECTOR

Noriaki Matsuo

ビジネス開発局
デジタルビジネス部
副部長

松尾紀明

1995年にニッポン放送に入社。その年から『女子高生サイコー!?裁判SHOW!!』の制作に携わって以降、くりぃむしちゅーとは多くの番組で仕事を共にする。

苦労はしたことはなく楽しかった記憶しかない

——松尾さんは番組初代ディレクターであり、かつその前身番組と言える『知ってる？24時。』のディレクターでもありました。くりぃむしちゅーさんとのお付き合いが長いとか？

松尾　そうですね。私は1995年にニッポン放送に入社したんですけれど、実は新入社員だった当時、『女子高生サイコー!?裁判SHOW!!』という番組に携わったのがお二人との出会いだったんです。その番組は半年限定でしたが、翌年には『海砂利水魚のディスコ・ザ・ガマ』という番組も担当していました。ということで、若手時代から現在に至るまで、お二人とは足かけ25年以上一緒に仕事をさせてもらっていることになります。

”『知ってる？・24時。』からテイストを引き継いでいます

——『くりぃむしちゅーのオールナイトニッポン』の立ち上げ〝前夜〟の話について教えてください。

松尾　昇格するオールナイトニッポンというと、いわゆる2部から1部へという流れが主流なんですが、くりぃむしちゅーさんの場合は特殊でした。2003年に上田さんが『知ってる？24時。』でMCをやっていて、有田さんも同時期から『目からウロコ！21』のMCをしていました。

ですから、もともとそれぞれが別の番組を担当して、そこからオールナイトニッポンの1部の番組を持つことになったんです。これはおそらく今までの「オールナイトニッポン」ではない経緯だと思います。

それで、最初は八島というディレクターが番組を担当するはずだったんですけれど、開始直前に異動になってしまった。そこで、『知ってる？24時。』を担当していた僕がディレクターをすることになったんです。

——番組の立ち上げに際して、松尾さんのなかで方向性の具体的なイメージはあったのでしょうか？

松尾　前身の『知ってる？24時。』の成功が認められて、オールナイトニッポンへ昇格したという流れがありました。なので、そのテイストをある程度は引き継ごうという気持ちがありましたね。『知ってる？24時。』は、完全に中高生をターゲットにして、リスナーと電話やジングルでのやり取りがある番組でした。だから、それを生かしたかった。それで、この番組には、リスナージングルという他のオールナイ

トニッポンにはない要素が入っているんです。

――なるほど。他にも立ち上げの裏話はありますか？

松尾　もともと僕のなかでお二人は、いずれオールナイトニッポンを担当する時期が来るだろうという考えがありました。だから、お二人が別々の番組を担当している時はあえて一緒に出さないようにしていましたね。普通は、相方が来たら盛り上がるから、それでいいんです。でも、〝いつか〟という思いがあったから、『知ってる？24時。』で特番になっても、有田さんをスタジオに入れないようにしていました。ある時、有田さんがスタジオに入ろうとしたことがあったんですけど、「入れるな。CMにいけ」っていうこともあったぐらいです（笑）。

――（笑）。それから満を持して番組が始まったわけですが、当初はどんな感じでしたか？

松尾　前身番組によって土台ができていたから順調でしたね。だから、この番組に対しては、楽しかった思い出しかありません。そのなかでも個人的に印象に残っているのが第32回の放送です。当時、テレビ番組『銭形金太郎』のロケがあって、それに合わせて北海道・知床に行ったんですよ。番組唯一の地方からの放送でした。

復活のタイミングはだいぶ前から探っていました

今でも忘れもしないんですが、会社で荷物をまとめて出ようとしたら、偉い人に呼び止められたんですよ。何かなって思ったら、異動の内示を受けて、番組のディレクターを外れることに（笑）。その意味でも記憶に残っている回ですね。

――松尾さんと言えば、リスナーからは、「51％の思いやり」というフレーズでも有名です。

松尾　うーん、まぁあんまり大きな声で話すことでもないんですが、51％の思いやりというのは、意見がぶつかったら相手よりも1％だけ多く譲ることが大切だという意味だったんです。ただ、復活の回の放送を聴いてくれたリスナーはご存知だと思うんですが、離婚してしまったんですよね……。ちゃんと51％の思いやりを心がけていたつもりなんですが……。そしてそれを番組でも暴露されてしまいました。なのである意味、公私でくりぃむしちゅーさんにはお世話になっています（笑）。

――熊本地震をきっかけに番組が復活しましたが、そのプロデュースをしたのも松尾さんと聞きました。

松尾　実はだいぶ前から復活のタイミングを探っていました。でもなかなかきっかけがなくて。そんな時に熊本地震があって、くりぃむしちゅーのお二人は故郷の復興のために何かをしたい気持ちがあったようです。そこで、ぜひチャリティトークライブをやりましょうという話になって、その告知の意味も込めて、この番組を復活させることになったんです。

ですから、リスナーの皆さんには、こうやって復活している現状をこれからも温かく見守っていただけたらと思っています。

主な担当回

- 「東 MAX 総選挙」**（2005.09.13）**
- 「C-1 クライマックス 長州小力ｖｓ長州アリキ 60 分 1 本勝負」**（2005.10.18）**
- 「2005 年芸人 MVP」**（2005.12.13）**
- 「映画キングコング Presents！リスナー 100 万円プレゼント」**（2005.12.20）**
- 「ババアは本当にババアなのか！？事務所対抗マネージャー座談会」**（2006.02.21）**

2nd DIRECTOR

Masamu Sekimaru

ビジネス開発局長

節丸雅矛

1989年にニッポン放送に入社。とんねるず、松任谷由実、福山雅治、ゆず、小室哲哉など数多くの「オールナイトニッポン」を担当。初代Dである松尾氏の制作部時代の先輩。

番組立ち上げから手がけてみたかった

——松尾さんからバトンタッチを受けて、2代目ディレクターとなったのが節丸さんでした。当時のことを覚えていますか？

節丸　今でもよく覚えていますよ。最初は「おいおい、松尾はなんて番組を作ってくれたんだ」と思いましたね。というのも、最初にフリートークがあって、その流れをリスナーの電話で一旦止めて、リスナーにタイトルコールしてもらうっていう形ができていたんですよ。でも番組が始まってから、そこまでの時間がめちゃめちゃ長いんですね（笑）。これはラジオ番組のセオリーに反しているんです。

　だから当時は、その流れを変えようと思っていました。番組が内輪のネタで盛り上がっている感じがしてね。もっとセオリー通りに、ビギナーフレンドリーにしなくちゃならないと思っていたんです。

> **”セオリーを捨てた、唯一のオールナイトニッポンでした**

——セオリー通りとはどういうことでしょうか？

節丸　お笑いの人たちが陥りがちな罠があって、自分たちのギャグを面白いと信じ込んで、リスナーが離れてしまうケースが稀にあるんです。ラジオで言えば、フリートークは10組芸人がいたら全組がやりたいと言う。だけど、フリートークって実はめちゃくちゃ緻密な構成が求められるんですよ。だからディレクターが判断を間違うと、リスナーが離れていくことにもなりかねない。そういった意味で、誰もがわかるお笑い＝ビギナーフレンドリーのスタイルが求められる状況もあるんです。

——なるほど。それで番組を変革しようと試みたんですね。実際にどの部分を変えたのでしょうか？

節丸　ところがです。この番組に関しては、ディレクションしているうちに考えが変わってきたんです。オープニングのフリートークに有田君の強力なボケがあって、そこに上田君がツッコミを入れるっていう絶妙なかけ合いがありました。この時、面白くないと思ったら、止めなくちゃいけない立場にあるんですが、二人の話を真剣に聞けば聞くほど、止められなくなってしまうんです（笑）。純粋に面白いんですよ！　もちろん、僕もどうしようかなって思った時はありました。例えば、有田君が上田君に対して、番組が始まった瞬間に、「選挙に出るんだって？」って言い始めたことがあったんです。選挙なんて、と

「済々黌・ラグビー部祭り」で番組の方向性を振り切りました

てもデリケートな話題ですから、こちらとしてはドキドキするんですけど、でも二人はボケ合いながら話を続けていって、それがめちゃめちゃ楽しいんです。シャープなお笑いがこの番組にはありましたね。

――より内輪のスタイルを際立たせていく方向に向かっていくんですね。

節丸　はい、それでビギナーフレンドリーを捨てた時の企画が「済々黌・ラグビー部祭り」でした。これは二人の出身校の話ですから、究極の内輪ネタなんですよ。先生や同級生をキャラクター化していくっていうのは、『とんねるずのオールナイトニッポン』にも通じるものがあります。彼らも裏方を表の人間に変えていき、その延長線上に有名な野猿の存在があった。そうやって面白さを作るひとつのスタイルがあるんですけど、これは誰でもできることではないんです。でも、ディレクターを担当しているうちに、くりぃむしちゅーならできるって思ったんですね。だから、完全に内輪に振り切れれば、ディープで面白くなると思ったんです。

――結果的に、今でも済々黌のラグビー部の話はリスナーから愛されています。

節丸　そうですね。いまだに「済々黌・ラグビー部祭り」って言えば、リスナーにわかってもらえるのは嬉しいし、笑えますね（笑）。その延長線上で、「ヤマザキ 春のババア祭り」も企画しましたが、これも方向性としては一緒。二人がババアって言ってるから、やっちゃおうぜみたいなノリでしたね。あの時、大橋マネージャーに歌ってもらって、「ひいひい」言わせたのは忘れられないですね（笑）。結果的に内輪ネタの権化みたいな番組になってしまいましたが、これで良かったと思っています。

――節丸さんと言えば、「節丸さんは鉄板」というギャグでもお馴染みです。

節丸　何なんだろうね（笑）。僕自身は成立の経緯を知らなくて、教えてほしいぐらいです。でも、仕事でアメリカから来たお客さんと話している時に「この番組を聴いていました。鉄板の節丸さんですか？」と言われた時には笑っちゃいましたね。海外までそのギャグが届いているのかと（笑）。

――最後に、この番組に対して節丸さんの思い入れを聞かせてもらえますか？

節丸　最初からやりたかったですね（笑）。冒頭で話したように「松尾はなんて番組を作ったんだ」という気持ちがありましたから。

　仮に今レギュラーで復活するとして僕が担当するとしたら、まだくりぃむしちゅーが手をつけていない分野を手がけてみたいという気持ちがあります。とくに、ギリギリのエッジの有田君のボケを探したい。それを良いのか、悪いのか、判断するのがディレクターの仕事だと私は思っています。

主な担当回

- 「スターダスト NIGHT スペシャル」（2006.04.11）
- 「ヤマザキ 春のババア祭り」（2006.04.18）
- 「熊本県立済々黌高等学校 ラグビー部祭り」（2006.05.30）

3rd DIRECTOR
Jun Nagahama

コンテンツプロデュースルーム
担当副部長

長濱 純

ディレクター時に笑福亭鶴瓶、上戸彩などを担当。現在は情報番組から人気アイドル番組まで担当するプロデューサー。『ラジオ・チャリティ・ミュージックソン』を3年連続で担当。

命を懸けるのに値するオールナイトニッポン

――今や数々の番組をプロデュースされている長濱さん。ディレクターを担当していた当時のことを教えてください。

長濱　僕が『くりぃむしちゅーのオールナイトニッポン』を担当することになったのは、社会人3年目だった2006年でした。まだ25歳で、歴代のなかでは一番若いディレクターでした。そういった意味で、今振り返ると、『くりぃむしちゅーのオールナイトニッポン』は僕にとって青春のような存在です。

> ”童貞妄想選手権の聴取率はテレビを超える4％を記録

現在はプロデューサーという立場になりましたが、今でも『くりぃむしちゅーのオールナイトニッポン』だったらと考えることで、新しい企画が生まれたりすることもある。それぐらい、僕にとっては大きな番組ですね。

――それほどまでに長濱さんに影響を与えた番組ですが、最も印象に残っている回は何でしょうか？

長濱　「第7回童貞妄想選手権」ですね（笑）。この企画はスペシャルウィーク回にぶつけたもので、リスナーが童貞を卒業するシチュエーションを考えるという内容でした。リスナーからの反響がかなり良くて、年代別に表示される聴取率では10代が4％を記録したことを覚えています。

――深夜では破格の数字ですね。

長濱　はい、4％といえば、25人に一人が聴いていることになります。学校で例えると、クラスに一人は聴いてくれている子がいたことになりますからね。

――当時、番組が盛り上がっている雰囲気はラジオ越しにも伝わってきました。

長濱　ありがとうございます。ただ、実を言うと最初、上田さんはそれほど乗り気ではなかったんです。妄想のシチュエーションは面白いんですけど、ベッドシーンになったら急に淡白になるというか。童貞のリスナーが考えていることなので、どうしても肝心の部分でリアリティに欠けるんですね（笑）。

でも、どこかのタイミングで景色が浮かぶ表現をした投稿が出てきたんです。それに上田さんが反応して「これは文学だよ。次回もやろうよ」って言ってくれたんです。上田さんは常に僕らが提案してくれたものを受け入れて形にしてくれる。なので、そう言ってくれたのは嬉しかったですね。その意味で、リスナーの作品能力の高さに助けられた企画でもありました。

――長濱さんはあだ名がつかない番組唯一のディレクターでした。ご自身ではどう思われていましたか？

長濱　実は、これには裏話があります。番組を外れてから少し経ったある時、コトブキツカサさんに「何度も上田さんがつけようとしたのに、僕、あだ名がつかなかったんですよね」って言ったことがあったんです。そしたら、「いや、それ違うよ」と言われまして。どういうことかな？と思って聞いたら、有田さんが「あいつはあだ名がつかないほうが面白いでしょ」とおっしゃっていたようです。それを聞いた時は「そこまで考えていたなんて……有田さん、恐るべし」と心から思いましたね。

――『くりぃむしちゅーのオールナイトニッポン』を担当していたことで、その反響の大きさを感じたことはありますか？

長濱　いくつかありますが、最も記憶に残っているのは、ディレクターを担当していた当時の出来事です。

あだ名がなかったのは実は秘密があります

ある日、父親が脳梗塞で倒れたことがあったんです。病院に運ばれて、幸い、命はとりとめました。それで、経過観察の時に記憶に障害がないかを看護師さんがチェックする必要があったんです。要は、家族の構成や名前、誕生日などをしっかりと答えられるかを検査するんです。

それで、まず看護師さんが「息子さんの名前は何ですか？」って聞いて、そしたら父親が「純」って答えて。さらに、「息子さんはどんな仕事をしているんですか？」って聞くと、「ラジオ局にいて番組のディレクターをしている」。さらに、「どんな番組を担当されているんですか？」と聞くと、父親が「くりぃむしちゅーのオールナイトニッポンです」と答えたんです。

その瞬間でした。カルテをめくる看護師さんの表情が変わったそうです。「あ、あの長濱ディレクターのお父さんですか。……あだ名をつけてもらえないディレクターですよね」って（笑）。

――おぉ、看護師さんも番組リスナーだったのですね。

長濱　そうなんです。僕の実家は鹿児島の田舎なんですけど、後日、その看護師さんとのやり取りをした父親から留守番電話が入っていました。「お前が一生懸命になって作っている“笑い”が、こんな田舎にまで届いている。だから死ぬ気で頑張りなさい」と。

――すごく良いお話です。お父さんにとって嬉しい出来事だったんですね。

長濱　まぁ、正直、恥ずかしくもありました。だって、「うんこ、ちんこ」番組ですからね（笑）。そのディレクターの父親ということで、看護師さんは僕の父親をいったいどんなふうに見ていたんだろうと思うと、ちょっと複雑な気持ちもありました（笑）。

ただ、大げさに聞こえるかもしれないですけど、命を懸けるに値する番組。それが僕にとっての『くりぃむしちゅーのオールナイトニッポン』です。

主な担当回

- 「マエケン証人喚問」（2006.08.22）
- 「丁半コロコロ 解散総選挙」（2006.09.05）
- 「輝け！第７回 童貞妄想選手権」（2006.10.17）
- 「第８回童貞妄想選手権ワールドシリーズ」（2006.12.12）

4th DIRECTOR

Kenichi Suzuki

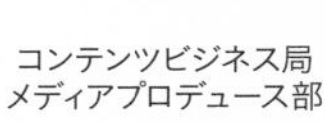

コンテンツビジネス局
メディアプロデュース部

鈴木賢一

過去にナインティナインやオードリー、西川貴教などのオールナイトニッポンを担当。あだ名は「EDビーチ」。これまでマネージャー業やイベント業など幅広くこなす。

有田さんのギアを入れたフリートークは最高です

——ADとディレクターのどちらも経験した番組唯一のスタッフが鈴木さん。担当期間は、6人のディレクターのなかで一番長いですね。

鈴木　そうですね、僕は『知ってる?24時。』からADとして携わっていました。ディレクターになった時はとても嬉しくて、当時、番組でもくりぃむしちゅーさんのお二人が触れていましたが、とても気合が入っていました。

ただ、どんな企画を持っていってもお二人が面白く喋ってくれる。ですから、この番組は僕は最前列で楽しんでいたという感覚が強いですね。

——鈴木さんの取り組みとして印象的だったのがタイトルコールを廃止したことでした。これにはどういった狙いがあったのでしょうか。

鈴木　裏話になってしまいますけど、AD時代、ディレクターによく「デッド何分まで?」ということを言われていました。ここを超えてしまうとCMが入らないというボーダーラインのことで、残り時間が少ない時に使われてた指示でした。でも、ご存知の通り、『くりぃむしちゅーのオールナイトニッポン』はフリートークがものすごく長いんですね。オープニングにたっぷり喋って、そこからリスナーが出てきて、また話が盛り上がる。すると、全然時間通りにCMが入らないんです。それを番組立ち上げ当時から体感してきて、歴代のディレクターに「ヤバいですよ。これだとCMが入らないです」って言う裏の戦いがあったんです。その問題を解消しようというのが、ひとつありました。

> 時間との戦いがあったから
> タイトルコールを廃止しました

——ADを経験してきた鈴木さんならではの変更だったわけですね。では、ディレクションした回で印象に残っているシーンはありますか?

鈴木　いろいろありますが、パッと思い出すのは第99回の放送です。有田さんがフリートークで、ビデオボックスに通っている知り合いのテレビディレクターさんの話をするんです。これが本当に面白くて、きれいなオチだったんですよ。有田さんのオープニングトークは長くて、こちらが「じゃあ、そろそろ次へ」というサインを出すんですけど、そこからギアを入れて話し始めるんですよ。でも、そこからのトークがめちゃめちゃ盛り上がるんです。事前に考え

有田さんを中心にパワプロ大会を開催していたのは良い思い出

たことを喋っているわけではないと思うんですけど、後で聞くと本当に緻密な構成で。このビデオボックスの回はまさにそういった意味で象徴的でした。放送当時以来聞いていないエピソードではありますけど、今でも印象に残っている話ですね。

——一方で、上田さんに関するエピソードで思い出に残っていることはありますか？

鈴木　リスナーが頻繁に登場するのが番組の特徴だったんですけど、当然盛り上がる時もあれば、ちょっと物足りないなって感じることもあったんですよ。リスナーだからもちろんしょうがないですけど……そんな時、上田さんがスタッフに、「リスナーに何でもいいから喋らせてくれ。そうすれば、後は俺が何とかして面白くするから」と言ってくれたことがあったんです。

——上田さんらしい男気を感じる発言ですね。具体的にはどのような意味だったのでしょうか？

鈴木　上田さんは誰と話しても上手にコミュニケーションを取られる方で、どんな相手でも面白くする力があります。でも、全く喋ってくれない相手だとさすがにどうしようもない。だから、一言でも喋ってさえくれれば、後は俺がどうにかするっていう意味だったんだと思います。その言葉を聞いた時は、これが〝本物〟なんだなと思いましたね。

——当時、スタッフの仲の良さがラジオを通じてもリスナーに伝わっていました。実際、現場の雰囲気はどんな感じだったのでしょうか？

鈴木　本当に仲が良かったですね。まるで部活みたいな感じでした。番組終わりに、有田さんを中心に「パワプロ」や「サカつく」の大会を開催していたのは良い思い出ですね（笑）。当時はプレイステーション2で各自が育成した選手のデータをメモリーカードに記録して、それを持ってくるんですよ。みんなで持ち寄って、会議室でワイワイ楽しんでいました。

有田さんはかなり忙しかったはずなんですけど、一番強かったですね。しかも、「お前ら、本気でやれ」とか結構スパルタなんです（笑）。でも、そのゲームの選手の育成はめちゃくちゃ時間がかかるんですよ。だから、仕事しているよりもゲームをしている時間のほうが長かったかもしれません（笑）。

そういった意味で、有田さんはひとつのことに熱中する凝り性な印象がありますね。僕らに「ちゃんとやれよ」っていう感じで無茶振り体質なところもあって、それが今の芸風を感じさせる部分でもありました。

——最後に、番組リスナーへ鈴木さんからぜひ一言お願いします。

鈴木　皆さんが参加してくれたおかげで、こうやって本が出版されるまでの伝説的な番組になりました。これからも持っている音源を擦り切れるまで、聴いてください。

主な担当回

- 「A-1 グランプリ」**(2007.02.20)**
- 「メイトーの完全メイド決別宣言」**(2007.03.20)**
- 「頼れる男・有田哲平の恋愛相談 SP」**(2007.04.10)**
- 「第 7 回 上田さんの 1 万円争奪！リスナー貧乏自慢フェスティバル」**(2007.06.12)**
- 「上田晋也 カリカリ君祭り」**(2007.08.21)**

5th DIRECTOR
Atsushi Shibata

エンターテインメント開発局
エンターテインメント開発部長

柴田 篤

営業、スポーツ部、制作部、エンターテインメント開発部、編成部など多岐にわたる仕事を経験。ニッポン放送の午後の看板番組『テリー伊藤のってけラジオ』、『DAYS』などを手がけた。

”くりぃむしちゅーさん、僕のことを覚えていますか？

トラウマになった忘れられない3カ月

――柴田さんは「ちんこーさん」の愛称でリスナーに親しまれていました。まず、あだ名の由来を教えてください。

柴田　当時、『くりぃむしちゅーのオールナイトニッポン』の後に深夜3時から『オールナイトニッポンエバーグリーン』という番組を放送していたんですね。そのパーソナリティが斉藤安弘さんという方でした。その安弘さんにかけて、なぜか僕が「ちんこーさん」のあだ名を拝命したわけです（笑）。

――確か、番組のなかで有田さんが選んだんですよね？

柴田　そうですね。いくつかの候補があったなかで、「じゃあこれで」という感じでした。あだ名をつけてもらったこと自体は光栄なので、もしリスナーが僕の立場なら「誇らしげに思う」のかもしれないんでしょうけど、正直僕からしたら全然嬉しくないんですよね（笑）。だって「ちんこーさん」ですよ。

――（笑）。そんな柴田さんですが、歴代ディレクターのなかで担当期間が最も短い3カ月でした。『くりぃむしちゅーのオールナイトニッポン』について、思い出はありますか？

柴田　3カ月というと、週に1回の放送なので、おそらく担当したのは12回ぐらい。それでもインパクトのあった番組だったので、覚えている部分は結構あります。例えば、第131回の「春のイノキ祭り」はそのひとつです。この企画は、最初はアントニオ猪木さんをゲストで迎えようとしたんですけど、スケジュール等の問題で実現できませんでした。それで、モノマネをしている春一番さんと、アントキの猪木さん、アントニオ小猪木さんの三名をゲストにお呼びしました。

　アントニオ猪木さんご本人ではないので、正直、番組がどれだけ盛り上がるのか未知数でした。リスナーからの反応も心配だったのですが、そこはくりぃむしちゅーのお二人。プロレス愛を存分に発揮して、三名をめちゃくちゃ面白く料理するんですね。当時、ゲラゲラ笑ってしまったのを覚えています。あの回は大好きですね！

――逆に3カ月という短い期間で大変だったことはありましたか？

柴田　短い期間しかいなかったので、スタッフの輪のなかに入っていくことが難しかったです（笑）。というのも、この番組は

3カ月の短い期間でしたがとても記憶に残っています

ほとんど事前の打ち合わせをしないんです。

当時のことで覚えているのが、番組が始まる前の会議室で、くりぃむしちゅーのお二人とコトブキツカサさんがいらっしゃったんですが、そこでちょっとしたことが原因で会議室の雰囲気が悪くなる一幕があったんです。後で聞いてみると、それはどうやら、くりぃむしちゅーのお二人が僕に仕かけたドッキリだったみたいなんですが、でも番組を担当したばかりの僕はそれが全然わからなくて……。「なんて空気の読みづらい番組なんだー」って思った記憶がありますね（笑）。

――（笑）。では、柴田さんは、あんまり番組に溶け込むことができなかったんですね。

柴田　それは間違いないですね（笑）。4年前の復活の回で、担当した歴代の各ディレクターが放送前に挨拶しに行ったことがありました。その時のことを、放送中にくりぃむしちゅーのお二人がネタにされて、「いや、さっきね、ディレクターが挨拶しに来てくれたんだけど、正直誰だかわからない人もいたんだよね」みたいなことを言ったんですよ。それを聞いた時、「あ、それ絶対俺のことだな」って思いました（笑）。ちょっと悲しくもあったんですけど、まぁしょうがないですよね、3カ月だし。実際、ニッポン放送の社内の人間でも僕がこの番組を担当したことを知っている人は少ないと思いますから（笑）。

――ちなみに、3カ月でディレクターを外れることになった経緯は何だったのでしょうか？

柴田　人事異動です。これからパーソナリティやスタッフともコミュニケーションよくやっていこうと思っていた矢先でした。当時、くりぃむしちゅーさんに担当を外れることを挨拶しに行ったんですけど、お二人とも「早いな」って言って苦笑されていたのが記憶に残っています。

――まさかの短期間でしたからね。では、そんな柴田さんにとってこの番組はどんな存在ですか？

柴田　人見知りになったきっかけですね。

――（笑）。それはどういうことでしょうか？

柴田　もちろん、半分冗談ですけど、スタッフの輪のなかに入っていけなかったので、少しトラウマになっています。だから、この番組をきっかけに少しだけ人間関係が苦手になってしまいました（笑）。

――最後にくりぃむしちゅーのお二人にお伝えしたいことはありますか？

柴田　「僕のこと覚えていますか？」ということですね。お二人がつけたあだ名によって、リスナーがいまだに「ちんこーさん」と記憶していただいているのはありがたい限りで、私にとって財産です。

そして、私がオールナイトニッポンを担当したのはお二人の番組が最初で最後でした。だから、もしチャンスあれば、またお仕事をご一緒したいと思っています。

主な担当回

»「新大学生歓迎コンパ！くりぃむしちゅーの大学生活満喫講座」（2008.04.15）

»「春のイノキ祭り」（2008.04.22）

6th DIRECTOR
Naoki Kinomoto

コンテンツビジネス局
コンテンツプランニング局
コンテンツプロデュースルーム長

木之本 尚輝

朝から昼の番組、「オールナイトニッポン」まで各番組のプロデュースを手がける。現在は2019年に新設したばかりの部署で辣腕を振るう。番組3代目Dの長濱純氏の直属の上司。

スタジオであんなに笑ったのはこの番組だけ

――3年半という期間に対して、6名ものディレクターが就いた『くりぃむしちゅーのオールナイトニッポン』。その最後を飾ったのが、「プリンセスちんこーさん」こと木之本さんでした。

木之本　はい、2008年頃というと私は朝の番組のチーフディレクターも一緒に担当していて、とても激務な状況だったと記憶しています。ですから、当時のことは正直、あまり覚えていないんですよね。どれだけ質問にお答えできるかわかりませんが、頑張って思い出してお話しします。

――朝と深夜の両方の番組を担当していたのですね。当時の状況を教えてください。

木之本　そうですね、例えば火曜日に関して言えば、まず朝6時ぐらいに出社してメインで担当していた番組の指揮をしなければなりませんでした。それが終わってから日中は仕事。そのまま日付が変わって深夜1時に『くりぃむしちゅーのオールナイトニッポン』のディレクションをしていました。

さらに番組が終わった後も、ポッドキャストの切り出し作業があるので、それを終えてようやく午前4時ぐらいに自宅に帰れるんです。でも、また6時に出社するという凄まじい日々でした。

だから、個人的にも、有田さんが番組終了後に開催していたパワプロ大会や、上田さんを筆頭に休日集まって活動していた草野球チーム「上田義塾」に参加できなかったのはちょっと悔しかったです。

――本当に激務ですね……。その状況のなかで番組への思い出はありますか？

木之本　2008年の10月と12月に行ったスペシャルウィーク回ですね。これは番組のメインコンテンツである「ツッコミ道場！たとえてガッテン！」で勝負に負けた罰ゲームとして有田さんが、大物ゲストを呼んでハンパねぇ質問（＝とんでもない失礼な質問）をするという企画でした。

今まで制作者としてスポーツや朝の番組なども手がけてきましたが、スタジオであんなに笑った日はありませんでしたね。

> ”最終回にあれだけ多くの人が集まったのは忘れられない

だって、大御所芸能人の堺正章さんに「堺さんは民芸品ですか？」とか、デヴィ夫人に「デヴィさんは鉄パイプとしての自覚はございます？」なんて生放送で聞いてしまうんですよ。テレビなどでは考えられないことですよ（笑）。

——確かに、すごい企画です（笑）。聴いているリスナーとしても、ドキドキしたのを覚えています。あれはガチでやっていた企画だったのですか？

木之本　もちろんです。ヤラセなどは一切ないですよ。大御所に対して意味のわからない質問をしなければならないんですけど、当然、堺さんやデヴィ夫人には企画だと悟られたくない。そうなると、いきなりそんな質問をするのはおかしいので、そこまでの雰囲気を作らなくちゃいけないんです。で、有田さんが番組の展開を絶妙に運んでいく。その時のドキドキ感、そしてパネェ質問をした時は「いったー！」っていう達成感にも似た快感がありましたね（笑）。

——リスナーからすると、もっともっとこの番組を聴いていきたいと思えるような時期だったと思うのですが、２００８年12月をもって終了しました。そのあたりの経緯を教えてください。

木之本　番組が終了したのには、いろんな事情があります。総合的な判断で番組が終了することが決まったんですね。もちろん、私としては最後のディレクターにはなりたくないので、とても残念な気持ちでした。

——番組が終了して12年。だいぶ月日が経ちましたが、今や伝説の番組のひとつになりました。

木之本　すごいことだと思います。私は新卒の入社試験の面接官をすることもあります。その時のアンケートで「好きな番組は何ですか？」という項目に、この番組を書いてくれる就活生は多いです。

リアルタイムを知らないだろう20代からの支持を強く感じる

最近だと『オードリーのオールナイトニッポン』などを挙げる方も多いんですが、レギュラー放送が終了している番組のなかでは断トツで多い。当時聴いていたリスナーならまだわかるんですが、リアルタイムで聴いていなかったであろう20代からも崇められるという点で稀有な番組ですね。他の番組にはない、大きな特徴と言えます。

——では、番組最後のディレクターとして、リスナーにひと言お願いします。

木之本　当時のことでよく覚えているのが、やはり最終回です。２００８年の12月でとても寒い日でした。最も気温が下がる深夜3時に、ニッポン放送の社屋に人だかりができるくらいリスナーが集まってくれたことは忘れもしません。

また、初代ディレクターの松尾さんがスタジオに遊びに来ると、くりぃむしちゅーさんの目が輝いていましたし、構成作家の石川さんはお二人とツーカーで話していたのも記憶に残っています。

あれから長い年月が経ちましたが、今後も『くりぃむしちゅーのオールナイトニッポン』は不定期で開催すると思います。ですから、皆さんもあの頃と変わらない愛情を持って、一緒に笑い合えたらと思っています。

主な担当回

- 罰ゲーム「精力剤を飲んでエレクト放送」（2008.09.30）
- 罰ゲーム「低周波ビリビリマシーン」（2008.10.14）
- 罰ゲーム「大御所ゲストにパネェ質問」（2008.10.21）
- 罰ゲーム「大御所ゲストにパネェ質問ＳＰリターンズ」（2008.12.09）
- 「くりぃむしちゅーのオールナイトニッポン思い出大賞」（2008.12.30）

RADIO WRITER

Akihito Ishikawa

構成作家

石川昭人

『ウッチャンナンチャンのオールナイトニッポン』のハガキ職人だったことから、ラジオの仕事を志して構成作家に。西川貴教や福山雅治などを中心に数々の番組を手がける。

有田さんの無茶振りで番組の方向性を変えた

――『くりぃむしちゅーのオールナイトニッポン』の屋台骨だった石川さん。番組作りで心がけていたことは何ですか？

石川　何もしないようにすることを心がけていました。僕はこの番組でしたことってあんまりなくて、ただ笑っていただけなんですよ。

――意外なコメントですね。それは具体的にどういうことでしょうか？

〟復活した時はブースのなかで感動して泣きそうになりました

石川　僕はずっと上田さんと『知ってる？24時。』という番組をやっていて、有田さんとも『目からウロコ！21』を担当していました。ところが、『くりぃむしちゅーのオールナイトニッポン』が始まるにあたって、それまで二人で喋っているところを見たことがなかったんです。だから正直、番組をイメージできなかったんですよ。

それで、いざ番組が始まったら「あ、俺は有田さんに勝てない。年がら年中、この人はお笑いのこと考えているんだな」って思ったことがあって。だからなるべく有田さんと上田さんの雰囲気を壊さないように、邪魔をしたくなかったんです。

――有田さんに勝てないと思ったのは、何かきっかけがあったんですか？

石川　それは無茶振りです。無茶振りはゼロから急にお笑いを作り出すロジックなんですけど、その考え方は僕にはなかったんですね。構成作家として、フリートークは基本的に、身の回りに起きた出来事を話す時間という固定観念があったんです。でも、有田さんは違いました。作り話でもいいから面白い話をするっていうスタンスで、それで「勝てないな」って思ったわけなんです。

――そういった経験はこれまでにもありましたか？

石川　いや、ないですね。この番組が初めてにして唯一です。だから、最初は企画モノで回していた『知ってる？24時。』のテイストを引き継いでいこうかなって思っていたら、有田さんがそんな感じだったので、僕も考え方を切り替えていきました。

もっと言えば、僕はもともとラジオが好きで、だからリスナー目線を今でも大切にしています。その意味でコーナーはフリートークから作られるべきだと思っているんですね。そもそも、丸々2時間面白いトークができ

フリートークから派生して盛り上げるのを心がけました

るなら、メールもコーナーも必要ないんですよ。

　でも、毎週そんなことは絶対にできないから、コーナーを作っていく。で、リスナー目線からすると、フリートークの流れで企画ができるのが理想だと思っているんです。「済々黌・ラグビー部祭り」がわかりやすい例ですね。フリートークでこんな話があったから、次の週に特化させていくんです。

　だから、初期こそは無理に作ったコーナーとかはありましたけど、回を重ねるごとに自然派生的に、くりぃむしちゅーさんのトークから面白い部分を抜き出していったんです。そこからどんどんコーナーを作っていったほうが聴いているリスナーも楽しいかなって思ってそれを心がけていました。

　スペシャルウィークにしても同じ考えで、いきなり番組に関係ないゲストを呼んでもリスナーには違和感しかないんですよ。もちろん人気のあるタレントさんを呼べば数字は上がるんでしょうけど、「何でこの人がゲストなの？」ってリスナーに思われるのは避けたい。だから理想的なのはフリートークで話題になったゲストがスペシャルウィークで登場する流れでした。

――なるほど。ちなみに番組のメインコーナーだった「たとえてガッテン！」には何か誕生秘話があるんでしょうか？

石川　この企画は成長させることを狙って作っていました。番組の軸になるコーナーだと当初から思っていたんです。

――コーナーを成長させるとはどういうことですか？

石川　僕はだいたい二人組のパーソナリティだったら対決コーナーを作るようにしているんです。それはウッチャンナンチャンさんの番組の企画「タコイカじゃんけん」から着想を得てるんですけど、「たとえてガッテン！」はテーマなんか、あってないようなものです。そういう自由度の高いコーナーは、番組の流れでどんどん成長していきます。実際、初期と後期を比べると全然違うと思います。

――確かに、後半はもはや例えツッコミはありませんでした。

石川　そうなんですよ。例えるどころか、ツッコミさえなくて一言言うだけみたいな感じでしたよね（笑）。でも勝手にリスナーが好きなことを書いて、それが成長につながっていく。まさに描いた通りでした。

――番組中、ブースのなかにいるのは、くりぃむしちゅーさんのお二人以外だと石川さんだけです。あの場にいるからこそ感じることはありますか？

石川　個人的な話になってしまいますが、僕はそもそもウッチャンナンチャンさんの番組のハガキ職人をしていたんです。だから、この業界では、ずっとお笑い芸人さんの番組を担当するのが夢でした。でもそのチャンスはなかなかなくて、どちらかというとミュージシャンの方の番組を担当することが多かったんですね。もちろんそれはそれで嬉しいお仕事なんですけど。

　だから、この前番組が復活した時はスタジオで、「あぁ、俺はお笑い芸人さんがこうやって喋っている番組をやりたくてこの業界に入ってきたんだよな。こういう光景に身を置きたかったんだよな」って思って泣きそうになりました。レギュラー放送中は実感なかったんですけど、あの場にいることがとても幸せだなって思いましたね。

RADIO WRITER *Toshihiko Homma*

構成作家

ホンマ・トシヒコ

前身番組の『知ってる?24時。』『目からウロコ!21』から、サブ作家を担当。くりぃむしちゅーの二人からは、「ゴミメガネ」の愛称で親しまれている。

> 番組初の野外イベントでは
> リスナーとの一体感を感じた

ゴミちゃんへのこだわりと葛藤はあった

――リスナーには構成作家とサブ構成作家の違いはわかりづらいと思います。まずは、番組内でホンマさんがどんなお仕事をされていたのか教えてください。

ホンマ　サブ作家はメインの構成作家のサポートをする仕事です。一人や二人の場合が多いですが、三人のケースもあります。

番組では基本的にはメイン作家が台本を書いて企画を考えます。放送中にブースのなかに入って、トークで笑ったり、読むハガキやメールをパーソナリティに渡したりするのもメイン作家が多いですね。

サブ作家は、そうしたメイン作家の作業のお手伝いをします。台本を書く上での資料を用意したり、調べ物をしたり、会議に参加してネタを出したりするイメージです。他には、何か企画に必要な小道具を買いに行くなどAD的な作業をやることも多いです。なので、メイン作家、サブ作家で職種が分かれているわけではないですが、実際に行う作業がちょっと異なります。

この番組に関して言えば、ハガキ選びやメール選びも石川さんが行っていました。僕は放送中に届くメールの選択と、ホームページの更新、記録用の写真撮影をしていましたね。あとはこの番組の特徴でリスナージングル（リスナーの声で作る短いCM）がありますが、それを作るためにリスナーさんに連絡を取って録音する作業もしていました。

――ホンマさんと言えば、やはりゴミちゃんのイメージが強いのですが、当時、リスナーからは反響はありましたか？

ホンマ　そもそも、「ゴミメガネ」というのは『知ってる？24時。』に上田さんが命名した名前で、〝メガネをかけているゴミみたいな奴〟という意味だったと思います（笑）。

それが、オールナイトニッポンの中期ぐらいから「ユニセックスをはき違えたファッションをしている謎のサブ作家」みたいな感じになっていきました。ある日を境に番組内で「ゴミちゃん」の展開が突然始まったので、聴いている人のなかには、ゴミちゃんって一体何？って思っていた方も多いと思うんですが、それに関しては実は僕が一番思っていました（笑）。

一方で、リスナーさんからの反響という意味では、「ゴミちゃん待ち受け」というのが一番印象に残っています。当時、まだガラケーの時代だったんですけど、放送中に希望者全員にゴミちゃんの携帯待ち受け画像をプレゼントする展開になって、一通一通メールを手作業で送信したのを覚えています。たぶん、1万人以上に送ったんじゃないですかね~。しかも、浴衣姿、マラソン姿、エクステ姿とか3バージョンくらいあったような……（笑）。

業界内にはこの番組のヘビーリスナーの方もホントに多くて、全然違う現場で「もしかして…ホンマさんって、ゴミちゃん!?」みたいなことも、何度かありましたね（笑）。

——では、そのゴミちゃんこと、ホンマさんが印象に残っている回を教えてください。

ホンマ　一番は番組放送100回を記念して行った番組初の野外イベントです。東京ドームのラクーアで開催したんですけど、それに向けて番組内で「81818」の告知をしたり、「上田ファン王」という企画の決勝戦のために予選をして盛り上がったりしました。

イベント当日には実際に会場に集まった人たちの楽しそうな様子とかも見られて、一体感を感じられてすごく嬉しかったですね。ラジオだとハガキやメールから感じる熱量はもちろんありますが、イベントはまた違う感動がありました。

復活回の放送でもゴミちゃんのフル衣装で参加しています

——ゴミちゃんとして思い出に残っている回はありますか？

ホンマ　そもそも、番組内でゴミちゃんが誕生したのは有田さんの女性不信がきっかけでした。「女性とデートする気になれないならゴミメガネとでも遊びな」みたいな流れだったんです。

じゃあなぜ僕がユニセックスな服装をするようになったかと言えば……それは有田さん主催のパワプロ大会でした。どういうことかというと、僕の育てていたチームが弱すぎて全然リーグ戦で勝ち残れなかったんですよね。それで連続でビリになってしまった時に、髪型を変える罰ゲームを受けて。最初はアフロヘアーにしたんですけど、すぐにパーマが落ちてしまったので、エクステをつけて長髪にしていったんです。

当時はヒゲを伸ばしていたこともあって、エクステの茶髪セミロングがすごくミスマッチでした。そこから「お前はユニセックスをはき違えてるな~」みたいになったんだと思います（笑）。

そんなゴミちゃんでしたが、忘れられない企画が、「ゴミちゃん闊歩」です。あれは確か、有田さんがいきなり生放送で「来週、ゴミちゃんが渋谷を闊歩します」みたいな告知をしたんですよ。日曜の昼過ぎにゴミちゃんの格好で現地に行ったら、50人くらいのリスナーが集まっていて、渋谷の宮下公園から1キロくらい一緒に歩いたんです。

集まったリスナーとは「ゴミちゃんですか？」「そうですね」みたいなやり取りをして、写真を一緒に撮ったり、遠くから撮られたりしました。その時、一応録音もしたんですが、オンエアでは使われず……（笑）。本当に何をするわけでもなく、謎の企画でしたね（笑）。

ちなみに、オールナイトニッポンが復活する度にゴミちゃんもフル衣装で参加しているんですが、上田さんも有田さんももう完全に飽きていて、オンエアでは全くおイジリいただけません。というか、楽屋でも一切触れてくれませんね（笑）。

全164回の
放送トピックを
網羅!

番組クロニクル

僕らの時代と

2005年7月〜2008年12月まで、3年半にわたって放送された『くりぃむしちゅーのオールナイトニッポン』。所有している過去の音源を聴く時に役立つように、復活放送回も加えた全164回の放送を振り返り、フリートークを中心にトピックを網羅した。当時、流行したアイテムや出来事と合わせて、その軌跡を見ていこう。

2005.07.05

第001回 2005.07.05

伝説番組の初回は話の途中から!

「ていうのもね、上田さん」という、まさかの一言から番組スタート/松尾Dはくりぃむしちゅーの二人の番組が想像できない!?/過去に担当したラジオ番組での出来事を紹介/有田、飲酒していたことが発覚。

第002回 2005.07.12

ハガキコーナー企画が本格始動

前回に続き、「問題はそこなんですよ」と話の途中からスタート/有田、都会の女はスレてる発言/上田、童貞を卒業した年齢をごまかす。有田、童貞喪失で早くイッてしまったことを上田に相談した話。

第003回 2005.07.26

ラスベガスロケでのハプニングを報告

有田、プロレス「ノア」の東京ドーム公演で盛り上がる/ラジオネーム・せんずりが番組に初登場する/くりぃむしちゅー、ラスベガスへロケに行く。イミグレイトで上田がなかなか通れなかったことを報告。

第004回 2005.08.02

リスナーによるタイトルコールを開始

くりぃむしちゅーのイベント&握手会について報告。「コーヒー飲んだら、うんこしたくなりませんか?」と言うファンに遭遇/リスナー電話からタイトルコールするパターンがスタート。

第005回 2005.08.09

番組初? 大人の事情とは?

「上田さん、それは違うと思うよ」と話の途中からスタート/X-GUNのさがね正裕が、アンタッチャブル山崎のうんこが臭すぎて怒ったエピソード/上田、兄貴とは下ネタを話すことができない。

第006回 2005.08.16

「夏だ。ナンパだ。さがねさん祭り」

「っていういきさつで馬糞を食べた」からスタート/X-GUNのさがね正裕をゲストに招いて、人生相談を開催。リスナーからの悩みに一発ギャグで答える/有田、女性関係で上手くいかないエピソードを披露する。

第007回 2005.08.23

有田、ライブチャットでイケない遊び

『銭形金太郎』のロケが大雨で大変だったことを報告/有田、ライブチャットを経験。コマンドでブラジャーを外す。さらに覆面パーティーに参加するなどご乱行/マネージャーが有田の女性関係を心配する。

第008回 2005.08.30

東MAXについてリスナーから意見を募集

有田、ビックカメラでロデオマシンを購入。ヨン様がお店に偶然いて、ファンに勘違いされる/有田、楽屋でテレビ番組に文句を垂れる/上田、女は情熱で落ちる発言/東MAXはギャグか自己紹介かで議論。

第009回 2005.09.06

「たとえてガッテン!」では一波乱も

次週の東MAX総選挙について解説。有田党、上田党に分かれてマニフェストを募集。総選挙で負けたら、東は今後「東MAX」を禁止することに/「ガゼッタ・デロ・オワライーノ」でも東ネタが集中。

第010回 2005.09.13

現状維持か否定か。東MAXの運命は?

東MAX総選挙を開催。1週間の期間を設けてリスナーが賛成、条件付き賛成、否定の3パターンで投票。土田晃之もプライベート参戦/「たとえてガッテン!」では、例えない投稿が増加し、新しい展開に。

第017回 2005.11.08
和田アキ子と放送中に生電話
上田、『松田優作映画祭』に参加したことから、コソピン問題へ／和田アキ子から生電話が入り、深田恭子とのフライデー事件をイジられる／有田、プロレス「ハッスルマニア」で号泣したことを報告。

第018回 2005.11.15
有田、子どもが好きすぎて暴走トーク
室内でダウンジャケットを着用する有田。北海道のロケにて、全裸でスノーモービルに乗ってきたことを報告する／上田の姪っ子が大好きな有田／くりぃむしちゅーのセックスレス問題にまさかの提案が！

第019回 2005.11.22
「上田晋也の一単語人生相談」を開始
有田、香港とマカオの海外ロケでワープ症候群を体験する／上田、やりたくない仕事などに有効な「遅刻のススメ」理論を紹介／「みんな大好き！サンキュ～です！」から派生した新企画がスタートする。

第020回 2005.11.29
有田は空笑い、上田は瓦割り
有田、マネージャーと後輩の芸人からナメられて、空笑いしてしまうエピソードを紹介／「映画『キングコング』presents!! "くりぃむしちゅーのオールナイトニッポン"リスナーが選ぶ2005年芸人ＭＶＰ!!」の開催決定。

第021回 2005.12.06
「スターダスト NIGHT」が正式に誕生
有田によるFMラジオ風のオープニングを「スターダストNIGHT」と命名／上田、胃の調子が悪くゲロを吐く。以前にも金属バットぐるぐる企画で収録を休む／『細木数子のズバリ言うわよ』で長州力と共演した話。

第022回 2005.12.13
2005 年に最も活躍した芸人を発表
「映画『キングコング』presents!!"くりぃむしちゅーのオールナイトニッポン"リスナーが選ぶ2005年芸人MVP!!」の結果発表。レイザーラモンHG、次長課長ほか、人気お笑い芸人がゲストとして登場するスペシャル回。

第023回 2005.12.20
知られざる上田の若手時代とは？
「スターダストNIGHT」のテーマは「雪が好きな人、嫌いな人」／上田は、高校の時と若手の頃は、「脱ぎキャラ」だった／X-GUNさがねが前回の企画に協力してくれたリスナーへ、ドン・キホーテでプレゼントを購入。

第024回 2005.12.27
X-GUN のさがね正裕を迎えて放送！
上田、前週で下半身・裸で過ごすと約束するも、実行しない／有田はクリスマスイブを、さがねと山崎、岡田くん、クロちゃんと過ごしたと発表／有田を褒める言葉を5・7・5の川柳の形式で募集する。

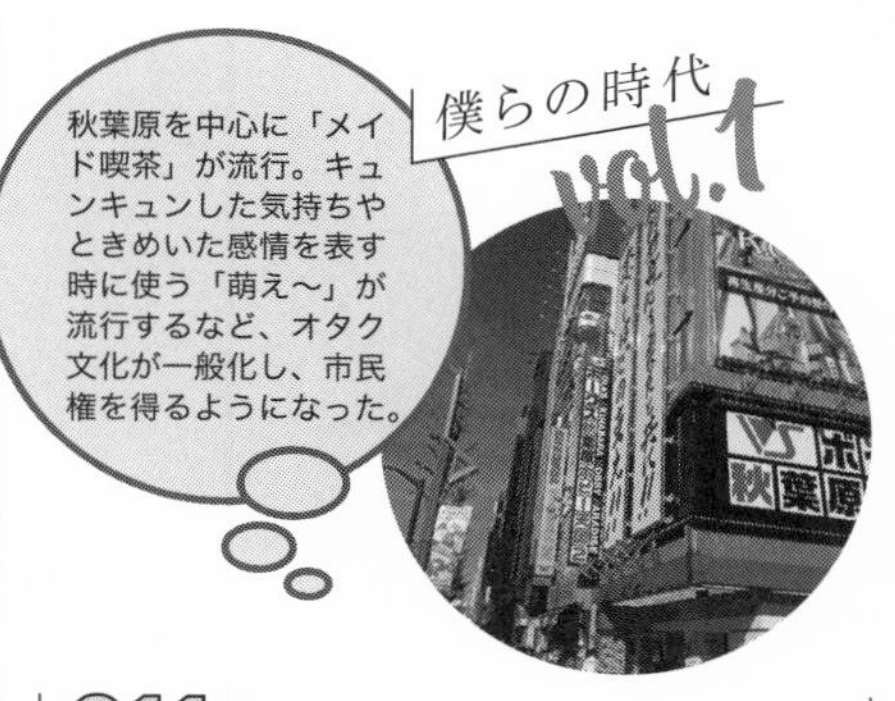

秋葉原を中心に「メイド喫茶」が流行。キュンキュンした気持ちやときめいた感情を表す時に使う「萌え～」が流行するなど、オタク文化が一般化し、市民権を得るようになった。

第011回 2005.09.20
長州力の話題で盛り上がり、新企画が開始
有田、長州力の「キレてないですよ」の秘話を紹介。その流れから、新コーナー「俺は長州小力のかませ犬じゃないぞ！」がスタート／上田、プロレスラーの越中詩郎にトイレの場所を間違って教える。

第012回 2005.09.27
有田、矢作の悩みを解決したい
有田、テレビ番組『銭形金太郎』のロケで大爆笑をかっさらう／おぎやはぎの矢作が番組に出演すると視聴率が落ちる疑惑。矢作のイメチェン案を勝手に募集／有田、恋人がいる女性とデートして思わぬ事態に!?

第013回 2005.10.04
山崎、T バック事件
アンタッチャブル山崎、有田の自宅でTバックを穿き、それを有田の母親に見られてしまい、思わぬ誤解が生まれる／一人エッチを家族に目撃された時など、男の子の緊急事態における「危機回避術」を徹底調査。

第014回 2005.10.11
歌手・鈴木亜美がタイトルコール
有田、有意義な休日を過ごしたと話すも、実際はドン・キホーテに行くなど、だらだらと過ごしたことが発覚／タイトルコールに歌手の鈴木亜美がドッキリ登場／有田、新しい趣味のアイディアを募集する。

第015回 2005.10.18
小力とアリキが夢の競演！？
「C-1クライマックス～長州のモノマネ日本一はドッチだ！？長州小力ｖｓ長州アリキ60分1本勝負～」を開催／有田、週刊誌にスクープされる／くりぃむしちゅーが若手の頃にのめり込んだ女性の話。

第016回 2005.10.25
有田、『笑っていいとも』に出演決定
有田、モノマネ100連発に挑戦／有田、『笑っていいとも』の「テレフォンショッキング」に出演することを報告。上田は誰からの紹介で出演できる?／上田、ネプチューンの名倉の結婚式で競馬の結果を気にする。

2005.12.27

2006.01.03

第031回 2006.02.21

マネージャーへ不満が爆発と思いきや……

上田への無茶振りテーマは、「トリノ五輪」。日本選手団の不調の原因を上田が解説する／「ババアは本当にババアなのか!?事務所対抗マネージャー座談会」を開始。土田晃之、黒沢かずこ、クロちゃんがゲスト。

第032回 2006.02.28

番組初の地方出しでスペシャル感満点!?

『銭形金太郎』のロケの関係で、世界遺産の北海道・知床より放送。スペシャル企画を実施と思いきや、通常回と変わらない内容に／「ツッコミ道場！たとえてガッテン！」では、銭金スタッフが審査員を担当。

第033回 2006.03.07

上田の「イズムだもん」発言が問題に

有田、「スターダストNIGHT」などで展開している糞をぶっかけられるという話が、食堂などで流れていることに気付く／ババアの飛ばしている話を紹介／上田の「俺、イズムだもん」発言が物議を醸すことに。

第034回 2006.03.14

ドイツW杯の極秘情報とは？

上田への無茶振りのテーマは、「ドイツW杯」。業界で一番詳しいとされる上田が、スター選手の極秘情報を暴露？／リスナーのタイトルコールで女性三人が出るもグダグダの展開に、有田も半ば呆れ気味に……。

第035回 2006.03.21

新コーナー「男の決断」が誕生

真剣に、「頼む！　一発ちょっとヌイてくれ！」と頼まれたら断れる？／無人島に持っていく５枚のDVDとは？／ジングルでの上田の「一曲いっちゃう？」が物議を醸す／ちん毛のコーナーを募集するも実施されず。

第036回 2006.03.28

お笑い芸人のプライドで怒るも……

オープニングからキレる有田。上田がなだめるも、収まらず。その矛先は日本テレビの鈴江アナウンサー。一体何が？／熊本で調子に乗る上田の兄・上田啓介。地元で精力的に芸能活動をしていることが発覚。

第037回 2006.04.04

ハガキコーナー盛りだくさんで放送！

メイン企画「ツッコミ道場！たとえてガッテン！」の他、「上田相談員の一単語人生相談」や「ババアはホントにババアだな」など７コーナーを開催する／「スターダストNIGHT」ではまさかの展開に有田が困惑!!?

第038回 2006.04.11

FMラジオの女王、松本ともこが登場

ラジオDJの松本ともこをゲストに迎え、FMラジオの雰囲気を取り入れた「スターダストNIGHT」を放送。ケンちゃんみたいなアシスタントはいる？／上田、ロンドンハーツのブラックメールで好感度を上げた話。

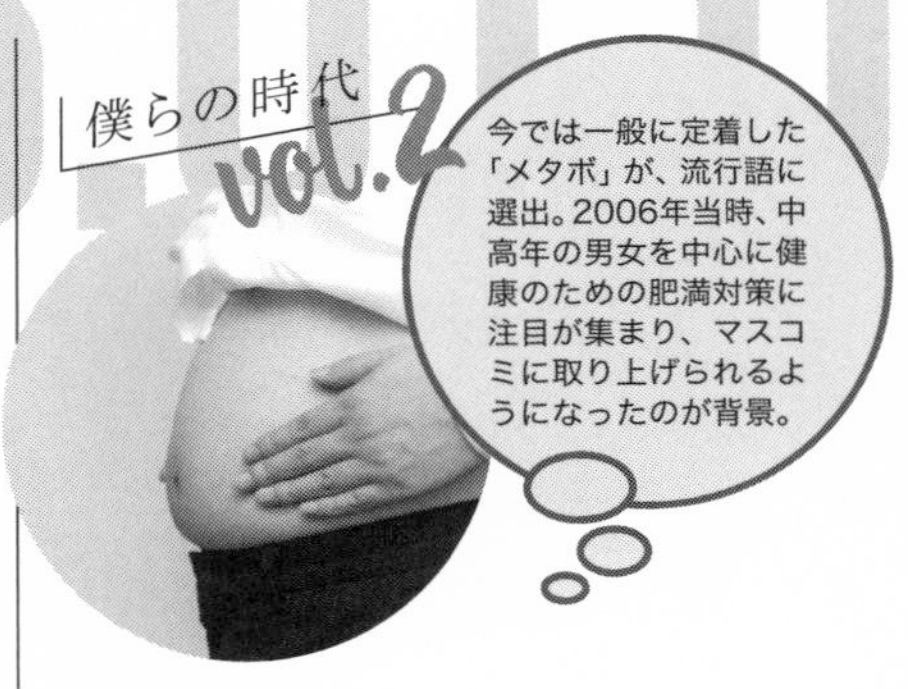

第025回 2006.01.03

新年１発目も変わらず、うんこテイスト

2006年第１回目の放送は、有田を褒めちぎる「有田川柳歌会はじめ」から開始。上田俳句も募集することに／有田、前年にうんこを漏らしたと告白。2006年の目標は「トイレでちゃんと、うんこをする」と宣言。

第026回 2006.01.17

正月休みにラスベガスで起きた奇跡

有田と上田、正月休みに別々でアメリカのラスベガスに行っていたことを報告。現地で二人が奇跡的に出くわしたエピソードを紹介／高校生の頃の上田、野グソ事件を披露。「先行ってんかんな！」発言とは？

第027回 2006.01.24

上田の兄貴は日本一タチの悪い素人？

くりぃむしちゅーの営業ネタを解説／有田、上田の兄・上田啓介が芸能人気取りしていることにキレる。上田、「タチの悪い素人」発言／コーナー「長州有力の今しかないぞ！俺たちの時代だ!!」が終了。

第028回 2006.01.31

ババア大橋の伝説はここから始まる

有田、35歳の誕生日祝いで芸人仲間と六本木ヒルズに行った話をするも、東MAXの愚痴が止まらず……／おばさんマネージャー・大橋の失態で盛り上がる。放送後半にまさかのご本人が現場に到着する。

第029回 2006.02.07

「ババアはホントにババアだな」がスタート

有田、誕生日の夜に、全くボケられない悪夢を見る。そのため、35歳の目標は「どんどんボケる」と宣言。「こんばんわー、チンコ〜！」発言／新コーナー「ババアはホントにババアだな」にハガキが殺到する。

第030回 2006.02.14

番組オリジナルパンフレットを配布

フリートークが長すぎるため、ハガキコーナー、スペシャルを開催／コンビ名をX-GUNから改めた、丁半コロコロをゲストに迎えてトーク。さがね正裕にも変化が!?／番組オリジナルパンフレットの配布企画を実施する。

第039回 2006.04.18

「ヤマザキ春のババア祭り」

「ヤマザキ春のババア祭り」を開催。「ミニモニじゃんけんぴょん」「飾りじゃないのよ涙は」などを、おばさんマネージャー・大橋が熱唱する／「スターダストNIGHT」がシーズン最後の放送。

第040回 2006.04.25

下の処理について持論を展開

「ヤマザキ春のババア祭り」の反響について／有田、「オナニーってすばらしい」持論を展開／高校の同級生・マツダの家でオナニー大会を開催した話／「男の決断」企画は、ハガキを読まずに終了する。

第041回 2006.05.02

酔っぱらった状態で生放送

GWの街頭インタビューで番組がスタート／テレビ収録の流れで飲みに行って、酔っ払っていることを報告する有田／月に1回の無茶振りのテーマは「競馬」。3冠馬のディープインパクトを凱旋門賞に導いた？

第042回 2006.05.09

チナッチャブルの若槻千夏が登場

上田、36歳の誕生日を迎えるも、有田がうんこの話をしようとする／「有田が自殺した後のインタビュー」をシミュレーションしてみる／タレントの若槻千夏が出演。エロい質問をするも、タイトルコールされる。

第043回 2006.05.23

アフリカ・ケニアでもババアはやらかす

有田、レミオロメンの真似で番組が始まる／テレビ『銭形金太郎』のアフリカロケに行っていた有田が、ケニアの思い出をクイズ形式で報告。ババアの便秘話で盛り上がる／幻の「ちん毛のコーナー」を開催。

第044回 2006.05.30

出身高校の話題で大盛り上がり

雑誌のタレントランキングのお笑い部門でくりぃむしちゅーが4位となる／記憶を整理する流れから、二人のルーツである済々黌・ラグビー部の話を展開。黒瀬直邦、まさきよ監督などのエピソードが登場する。

第045回 2006.06.06

伝説の済々黌・ラグビー部トーク回

くりぃむしちゅーのお笑いのルーツを紐解く「済々黌高校・ラグビー部祭り」を開催／「ぶ、スパイク事件」、「カレー事件」、「お前じゃないよ、お前じゃ。俺だよ、俺」「お酒かな？」など名言が続出。

第046回 2006.06.13

祝・上田に子どもが誕生！

上田、子どもが生まれたことを『おしゃれイズム』で先に発表したためリスナーから反発を受ける。子どもの名前を番組で募集／月1の無茶振りでは、上田はジーコジャパンのアドバイザーだった？

第047回 2006.06.20

上田の第一子の名前が決定！

上田の赤ちゃんの名前をどのメディアよりも早く公表。枯羅亜（コラー）、勝恋美（カチコミ）、千都里（チヅリ）など多数の候補のなかから選ばれたのは？／有田、コソピン活動をしていたことを発表。

第048回 2006.06.27

「まいったね」で番組スタート

有田、大激戦となったポルトガル対オランダ戦で盛り上がる／有田、ちょい悪ファッションに目覚めて、数万円のシャツを購入。その流れから、新企画「あーはぁーライン」が発足する。

第049回 2006.07.04

番組1周年も、有田はまたもや飲酒……

子どもが生まれたことによって上田のお笑いのスタイルが変わらないかを確認。三股事件、栃木のイベンター問題、婚約破棄問題など上田のスキャンダルネタを披露／「ちょい悪ショップ」企画が開始。

第050回 2006.07.11

ロングランのベッキーネタが話題に

上田が政界に出た時のことを考えて、二枚舌を使いこなせるように訓練をする／「あーはぁーライン」でロングランによるベッキーネタが人気を集める／RNが荒れ始め、クリーンキャンペーンを検討する。

第051回 2006.07.18

若手時代の知られざるエピソードを紹介？

有田、『銭形金太郎』のロケで子どもたちに蹴られて「土に埋まって死ね」と言われる／お笑い芸人になりたての頃のエピソードについて見切り発車的に語る／せんずりのラジオネーム改名について議論。

第052回 2006.07.25

せんずり総選挙開幕！

ラジオネーム・せんずりの改名として、「ヒップ」、「センズ・リー」、「よしだただひろ」、「おいちんぽ」などが案に上がる。／ラジオネームの由来を投稿する、新企画「私とラジオネーム」の募集を始める。

僕らの時代 vol.3

グローバリズムを否定し、日本の美意識を尊重する『国家の品格』（新潮社）が大ヒットを記録。発行部数265万部を超えて、2006年の書籍年間ベストセラー1位を獲得した。

2006.07.25

第061回 2006.10.03

ポッドキャストで放送内容が聴けるように

フリートークなしのコーナーだけをお送りする「ハガキコーナー祭り」を実施。リスナー電話は前週に続き、童貞を捨てる妄想に／ポッドキャスティングで電話が鳴るまでの放送が配信されるようになる。

第062回 2006.10.10

生放送中に「ボクサーズロード事件」勃発

中日ドラゴンズ優勝で落合監督の感動シーンから番組開始するも、有田が「友達が痔になって」と言ってすぐ切り上げる／有田の母親がくるぶしを骨折／上田、番組中にゲームをしながら喋っていたことが判明。

第063回 2006.10.17

セクシー女優・蒼井そらが登場！

童貞を捨てる理想の状況をリスナーが考える「第7回童貞妄想選手権」を開催。謎の女コマンドーが話題に／有田、風邪を引いて熱が出て大変な状況だったが、ババアにほったらかしにされた話を披露。

第064回 2006.10.24

ウエダノジナンボウが菊花賞で快走？

月１回の無茶振りは上田が菊花賞に出た話。騎手としてではなく馬として出走する。２着に入る健闘だった？／「第7回童貞妄想選手権」について少年画報社の編集者から漫画化の話を提案される。

第065回 2006.10.31

上田、血尿＆ナオミワッツ放尿

東スポに上田の血尿記事が掲載。オールナイトニッポンの有田の無茶振りが原因と推測できる報道をされる／タイトルコールでお笑い志望の高校生が登場。M-1をもじって、A-1を開催することが決定。

第066回 2006.11.07

東スポに載るために提供ネタを探すも……

ジムに通い始めた有田、ED気味であることを公表／上田、映画『ブラックレイン』の試写会にて内田裕也と共演した話を披露／タイトルコールの素人に、くりぃむしちゅーの鉄板つかみネタを教える。

僕らの時代 vol.4

12月、任天堂が家庭用ゲーム機「Wii」を発売。直観的な操作で楽しめる「Wiiリモコン」によって、幅広い世代から支持を獲得する。全世界累計販売台数は1億163万台を記録。

第053回 2006.08.08

亀田対ランダエタの試合結果を予知？

録音放送のため、時事関係を喋れないでスタート。亀田興毅とランダエタのタイトルマッチについて適当に話す／料亭で食事をした「イチキュッパ事件」と、若手の頃に起きた「砂丘事件」について語る。

第054回 2006.08.15

「なんでんかんでん」で遊ぶ有田と山崎

24時間テレビの司会に向けて、本番で有田が泣かないための対策を考える。上田がクイズを出題することを提案／有田、山崎と一緒に遊んでいる「なんでんかんでん」というゲームを紹介。

第055回 2006.08.22

番組で人気を集めるマエケンが登場

月１回の無茶振りのテーマは、「甲子園」。上田は熊本高校対三重高校の試合に出場していた!?／「ツッコミ道場！たとえてガッテン！」のネタに登場していたマエケンをゲストに迎え、噂の真相について聞く。

第056回 2006.08.29

24時間テレビの裏話＆反省会

くりぃむしちゅーがMCを務めた24時間テレビの大反省会を、X-GUNのさがね正裕を招いて開催／「長渕ファン王決定戦」で上田が初めてテレビで泣く／高校生の青春を描いたラジオドラマを放送。

第057回 2006.09.05

丁半コロコロ解散総選挙を実施

前回の放送を受けて、X-GUNのさがね正裕と西尾季隆が登場。リスナー投票でコンビ解散を決断!?／ボキャブラ世代のノンキー山崎の「濡れとるやないか！」／有田、ロケで子どもに「あごた死ね」と言われる。

第058回 2006.09.12

ミキサー大城に“ブタ女”と命名

有田、韓国に行って一般人と美川憲一さんにお金を借りる。海外に行く前にTENGAを使ったことを報告／ミキサーの大城の結婚を発表。あだ名“ブタ女”の由来とは？

第059回 2006.09.19

上田が「おとぼけトーク」を展開

吉野家で牛丼が１日限りの再開をするも、ニュースで見た情報ばかりを紹介／上田、三谷幸喜からドラマ『古畑任三郎』にキャスティングされるために、わざと間違える練習をする「おとぼけトーク」を開始。

第060回 2006.09.26

上田、３球団からドラフト指名を受ける？

月１度の無茶振りで、上田が野球のドラフトに指名された話を披露／ソフトオンデマンドから事務所にどっさりTENGAが送られてきたことを報告／リスナー電話で童貞を捨てる妄想話が出てくる。

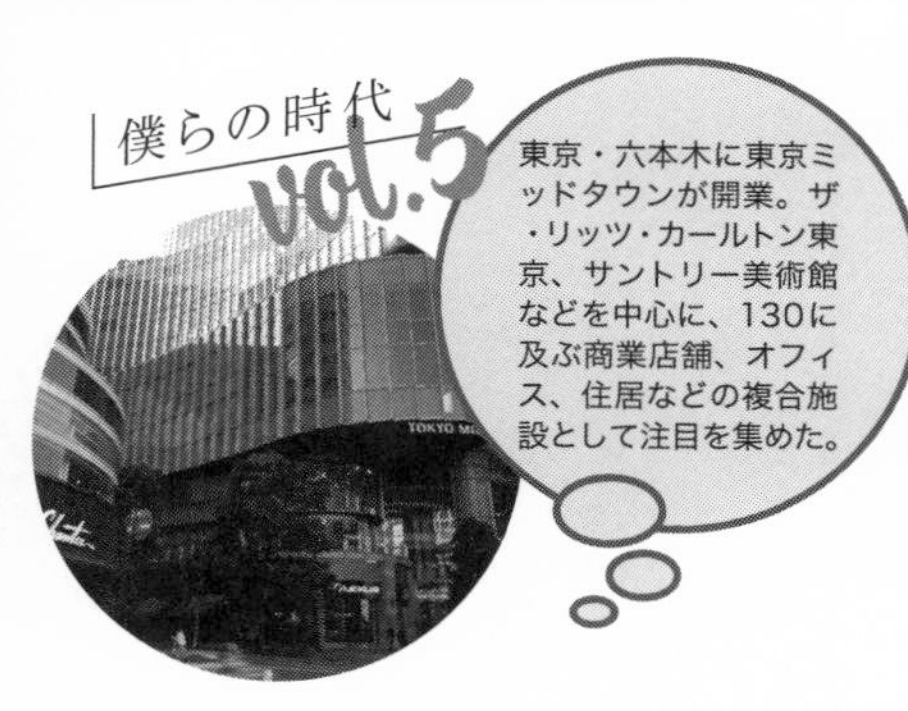

東京・六本木に東京ミッドタウンが開業。ザ・リッツ・カールトン東京、サントリー美術館などを中心に、130に及ぶ商業店舗、オフィス、住居などの複合施設として注目を集めた。

第067回 2006.11.14

「スターダスト NIGHT」が復活

「寒いわね」で始まる、「スターダストNIGHT」が久しぶりの復活を遂げる／リスナーに、哲平坊やと晋也坊やがかみつく／上田の「今日まで〜」が初登場／コーナー企画「あーはぁーライン」が最終回となる。

第068回 2006.11.28

山崎の「しました」メールとは？

スターダスト有田が怪奇音を発するなど、より破壊的なテイストに／アンタッチャブルの山崎から有田に「しました」と報告するメールが送られてくる理由とは？／坂下千里子と有田の結婚報道が流れる。

第069回 2006.12.05

上田、新発売の Wii を買い占める？

スターダスト有田、「チキチキ」と笑い声を発する／月に1度の無茶振りでは上田がWiiを買い占めた話／「たとえてガッテン！」ではコーナータイトルのがなりで、上田がフライングするパターンが初出。

第070回 2006.12.12

「第8回童貞妄想選手権」を開催

セクシー女優・蒼井そらをゲストに迎えて「第8回童貞妄想選手権ワールドシリーズ」を実施／有田、東スポの熱愛報道を受けて坂下千里子から電話があったことを報告。

第071回 2006.12.19

ババア、『4400』の試写会でやらかす

「スターダストNIGHT」に木下が登場する。そのめちゃくちゃな世界観についに上田も乗り始める／『4400』の試写会で、有田と坂下千里子の話を記者から振られる。ババアは笑うばかりで止めず。

第072回 2006.12.26

2006 年最後の「スターダスト NIGHT」

「スターダストNIGHT」は雨の日のケンちゃんと木下との傘のやり取り。水没やチキチキなど合計7分半の大作／今年の思い出について、「エビフライ事件」、「発明品の話」、「怖い話」などの作り話を展開。

第073回 2007.01.02

「有田川柳、上田俳句」で新年スタート！

2007年第1回目は録音放送。正月ということで「有田川柳、上田俳句」から始まる／上田、テレビ朝日の竹内アナに「ちょっとちんこ見てくんねぇか」発言？／「有田哲平の魂のリクエスト！」を久々に実施。

第074回 2007.01.16

有田、屁だと思ったらうんこだった

有田家では正月に目標を立てるのが恒例だった話を披露。有田の今年の目標は「芸事に妥協しない」だったが、正月のロサンゼルスロケで小便を漏らしたことを報告／A-1グランプリの予選会が始まる。

第075回 2007.01.23

有田、重大発表と思いきや……

有田、自宅のトイレが詰まったことを明かす。その原因と悲惨な結果を報告／タイトルコールは新婚旅行中の“ブタ女”こと大城。上田が「ツッコミ道場で、本当にツッコむんじゃないぞ」とブッコむ。

第076回 2007.01.30

上田のファッションセンスはヒドい !?

マナカナが有田に懐いて、上田には懐いていないことから、上田、「死のうと思った」発言／上田のファッションセンスについてのエピソードを披露。「ニコルだからね」、「マックミランだからね」のエピソード。

第077回 2007.02.06

リスナー電話によるタイトルコールを廃止

番組ディレクターが3代目の長濵からアシスタントだったEDビーチに変更。その代わりにADになまえが加入／月1回の無茶振りは小料理屋「うえっぽん」の話／上田の高校生の頃の野グソエピソードを明かす。

第078回 2007.02.13

上田の演技はメガネ大根 !?

有田、兄が泊まりにきて泥酔した話／テレビドラマ『和田アキ子殺人事件』に出演した話。上田の大根役者疑惑／A-1グランプリでは大石と斎藤、ブタ女とゴミメガネのコンビが出場。

第079回 2007.02.20

アマチュア漫才の A-1 の優勝者が決定

水道橋博士をゲストに迎え、A-1グランプリの決勝戦を開催。マリッジブルー、伊藤剛、レフト、マネージャーズが出場／無趣味だったマネージャーの斎藤がメイド喫茶にハマり、「完全メイド宣言」をする。

第080回 2007.03.06

メイド喫茶大好き、メイトーが爆誕

有田、風俗好きのスタッフが結婚。彼女がいることを知らされてなくてショックを受ける／斎藤がメイドにさらにハマり、「メイトー」が誕生する／新企画「上田晋也のおしゃれだからねぇ」を開始する。

2007.03.06

2007.03.13

第087回 2007.04.24

二人の持論「人生平等論」とは？

さえないスタッフの例を引き合いに出し、くりぃむしちゅーの持論である「人生平等論」の話をする。上田は良いことがあったら、好きなTシャツに醤油を垂らす!?／新企画「いや、まいったね」が開始。

第088回 2007.05.01

新しいツッコミ「ほらね！」が誕生

後輩に「勝負しろ！」と言った有田だが、パワプロの重要な場面で臆する／有田、お笑いで演技するのはおかしいと指摘。その流れから上田の「ほらね！」のツッコミが誕生／マックミランについて掘り下げる。

第089回 2007.05.08

有田が番組をまさかの欠席！

「いや、まいったね」を上田が言って番組がスタート。有田が韓国からの帰りの飛行機に乗れずにドタキャン。代役はコトブキツカサ。有田は韓国の女性をナンパして失敗したら罰ゲームをすることに。

第090回 2007.05.22

上田の「ドッカーン」発言

前週、有田が番組を欠席したことを謝罪。その見返りに、今度は上田が八百長でボイコットしてよい案が出て、放送中にボクシングのDVDを観てよいことになる。一連の流れで上田の「ドッカーン」発言が登場する。

第091回 2007.05.29

上田の八百長ボイコット放送回

「いや、まいったね」で始まるも、上田は放送中にボクシングのDVDを観ているため、話がかみ合わない／DVD熱中人生相談のハガキに、上田が話半分で回答／上田にリスナーから１万円が送られてくる。

第092回 2007.06.05

有田、上田の助言で合コンに臨むも……

上田は自身の披露宴で笑いに走った一言に後悔。しかし、その笑いは「面白くなかった」と有田／ホリケンが真面目に悩んでいるのを見て、有田が心配するが……／有田、集まる会でモテず、上田に怒る。

第093回 2007.06.12

リスナーの貧乏猛者たちが大集合

「第７回上田さんの１万円を争奪、リスナービンボー自慢フェスティバル」を開催。麒麟をゲストに迎える／上田と有田の共通点について話し合う。「有田が公務員だったら？」をシミュレーション。

第094回 2007.06.19

恋愛大反省会にて、チェリタ・メッペイが誕生

メリタ哲平の恋愛大反省会を開催。堀内健、土田晃之、坂下千里子、大橋マネージャー、石田純一から恋愛アドバイスを受ける／レースクイーン、読者モデルなど、ババアの秘密の過去が判明。

第081回 2007.03.13

亀田興毅のそっくりさんを本人と勘違い

上田、亀田興毅対ランダエタの世界戦があった翌日に、そっくりの素人さんに会って本物と勘違い。「チャンプ」発言をする／メイトー、仕事でミスを連発。事務所社長にメイド喫茶禁止令を出される。

第082回 2007.03.20

地元・熊本で上田啓介に会い……

有田が故郷・熊本に帰った話を展開。上田の兄・上田啓介が地元で人気があることを実感。上田の姪っ子と遊んで大量の服をプレゼント／メイトーが完全メイド決別宣言。秋葉原のメイドカフェをレポート。

第083回 2007.03.27

上田イズムを取り入れた上田喫茶とは？

月に１回の無茶振りのテーマは「メイド喫茶」。「上田喫茶」を開く／上田がカレー横綱あられを隠していた事件の概要が説明される／番組スタッフと開催しているパワプロ大会について話す。

第084回 2007.04.03

海砂利水魚時代の営業ネタを披露

『銭形金太郎』のロケに同行しているコトブキツカサの営業ネタを紹介。その流れから、海砂利水魚の営業ネタを思い出して二人で再現／「たとえてガッテン！」はイデオロギーの戦いで有田と上田が勝負。

第085回 2007.04.10

K堀内とT有田が恋の悩みを解決

ネプチューンの堀内健をゲストに迎えて、「春の恋愛相談スペシャル」を開催／MCというテーマでインタビューを受けたくりぃむしちゅー。しかし、インタビュアーは有田のことを全く見ず……。

第086回 2007.04.17

新生活に使えるつかみネタを披露

博多華丸・大吉をゲストに迎えて、鉄板つかみネタ講座を開催／爆笑問題の田中が競馬で800万円を当てたのに対抗、2000万円当たったと嘘をつく／トークの腕を見せるため、話すネタをしりとりで決める。

第103回 2007.08.28

テノール編の「まいったね」で開始

有田、芸能界を謳歌している宣言。「濡れとるやないか！」のノンキー山崎さんに会ってきた話／マツコデラックスをゲストに迎えて人生相談を開催。リスナーからの悩みを解決しながら、赤裸々トークを展開。

第104回 2007.09.04

マニアックなプロレス談義を展開

有田、炭水化物ダイエットをするも、中途半端に200ｇ増える／上田がプロレスから学んだこと／高校生の頃の上田がアントニオ猪木からもらったタオルを家に飾っていた話などで盛り上がる。

第105回 2007.09.11

世相を切るより、プロレスの話が大好き！

有田、政治に切り込んだ真面目な話をするかと思いきや、やっぱり大好きなプロレスの話を展開／雑誌『anan』で「女の敵だと思う芸能人」に、有田が３位に選ばれる／「そいつはすげぇや」の由来を紹介する。

第106回 2007.09.18

「51％の思いやり」でまいった話

有田だけでなく、上田まで「まいったね」でスタート。／番組初代Ｄの松尾さんの結婚式で「51％の思いやり」が話題になり、話の長い奴は罪と切り捨てる／フリートークの希望時間をリスナーにアンケートする。

第107回 2007.10.02

心機一転!?　番組が復活した体で放送

復活回として爽やかにスタート!?／前週にリスナーにアンケートした、オープンニングの希望トーク時間は27分47秒／「ツッコミ道場！たとえてガッテン！」で有田が５連敗を喫し、番組初の罰ゲームが決定した。

第108回 2007.10.09

有田の世界観が炸裂の神回

伊集院光率いるTBSのジャンクチームとパワプロ大会を開催して負けたことを報告／有田、野球のルーツについて解説する／「いや、まいったね」のコーナーで、有田が理論崩壊のトークを展開。

第095回 2007.06.26

カナダでのお土産話、「ライス or パン？」

カナダ帰りで時差ボケの二人。その珍道中についてのトークを展開。飛行機の機内食で起きた「ライスorパン？」問題とは？／ババアのコーナーが「ババアはほんっとにババア伝」としてリニューアル復活する。

第096回 2007.07.03

母親の波乱万丈な生活に「まいったね」

有田、母親が東京に上京。スピード違反で捕まったり、当たり屋に遭遇、さらには水泳で子どもにほっぺたをつねられ泣いてしまったほか、麻雀ができることを報告／上田家は下ネタ厳禁だったことを話す。

第097回 2007.07.10

ダイエットの話の流れから無茶振り

有田、ダイエットを始めるも、逆に体重が増えてしまう／月１回の無茶振りは、上田が考案した「赤いものダイエット」／40周年記念のジングルを作ったリマーク・スピリッツをゲストに迎える。

第098回 2007.07.17

番組 100 回記念の告知で「81818」

有田、移籍することを検討中？　自社の後輩よりも他社の後輩がよく見えてしまう／コトブキツカサがスタッフにスニーカーを買ってもらい、お金を浮かせる？／番組100回記念告知で、「81818」のアナウンスが流れる。

第099回 2007.07.24

スタッフの話にくりぃむしちゅー驚愕!?

熊本のランジェリーパブに行った話＆ぼったくり店のマッサージ屋に騙された話を披露／知り合いのスタッフが個室ビデオを利用したヘッドフォン事件／番組100回記念告知で上田のカリカリ度がエスカレート。

第100回 2007.07.31

堀内健が一人旅で得たものとは？

番組100回記念祝いからの「まいったね」でスタート／「いろんな人に感謝しているんですよ」という話に上田がちゃちゃを入れる／堀内健の屋久島の一人旅の話／上田ファン王決定戦の予選を実施する。

第101回 2007.08.14

人間は龍に戻るから、禁煙が流行？

アイドリングが出てくることを期待したリスナーにお詫び／有田はロンドン、上田はパリに行っていた／有田が禁煙をしている流れから、世界的な禁煙ブームを堀内健の「人間は元々龍だった」説で解説する。

第102回 2007.08.21

大木アナを迎えて番組イベントの振り返り

番組100回記念イベントの模様を公開。テレ朝アナウンサーの大木優紀をゲストに呼ぶ。大木アナは上田の嫌いなポイントとして、素直じゃない、よくわからない例えツッコミ、表情の３つを挙げる。

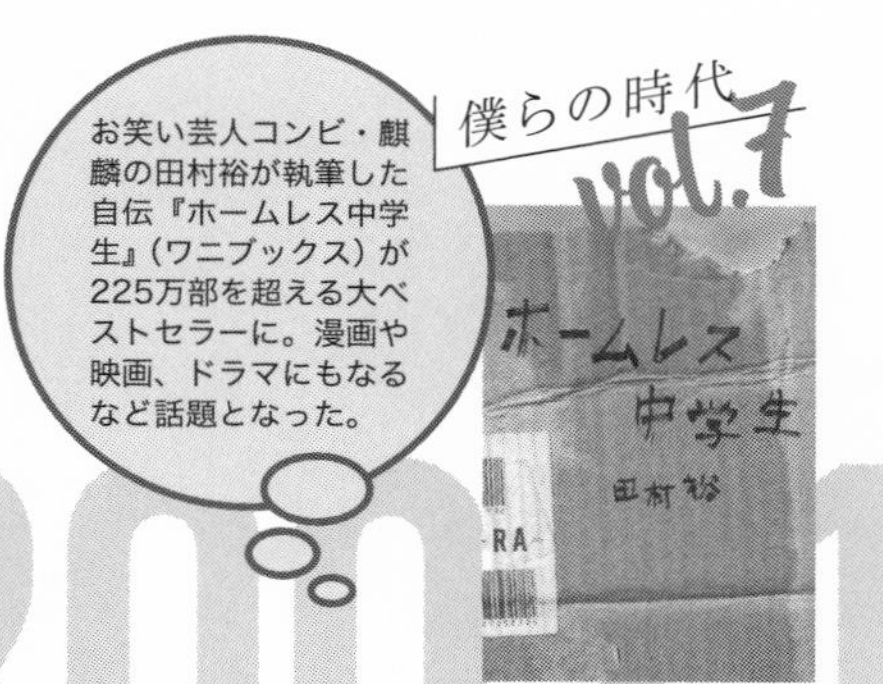

お笑い芸人コンビ・麒麟の田村裕が執筆した自伝『ホームレス中学生』（ワニブックス）が225万部を超える大ベストセラーに。漫画や映画、ドラマにもなるなど話題となった。

2007.10.09

2007.10.16

第117回 2007.12.18

ウケをいただいたことを報告

『銭金金太郎』の最終回の打ち上げにてウケをいただいた報告／上田も『おしゃれイズム』にて、黒木メイサに「ボブ・マーリーでも言うわ！」とツッコんでウケをいただく／偽の最終回告知で「ありがとな～」。

第118回 2007.12.25

番組で流行った名言の頂点に立つのは？

ババアの仕事の入れ具合がひどくてストレスがたまっている二人／有田、ダイエット測定で目標より1kg足りず、本番中にサウナスーツを着て浣腸するも失敗／「2007年くりぃむしちゅーANN名言大賞」を発表。

第119回 2008.01.08

昭和プロレス談義に盛り上がる

ますだおかだをゲストに迎えて、新春昭和プロレススペシャルを開催。ジャンボ鶴田の魅力や初代タイガーマスクの凄さ、北斗晶vs神取忍や名レフェリーなどマニアックな話が盛りだくさんの２時間。

第120回 2008.01.15

メキシコでの海外旅行の思い出は？

有田、年明けはカリブ海のカンクンで過ごすも悪天候に見舞われる。観光で見た闘牛やマヤ文明で、死を感じて落ち込む／『おしゃれイズム』での「ロッキーの撮影じゃないのよ～」発言が話題になる。

第121回 2008.01.22

上田の例えツッコミはブッコミ!?

有田が映画ドラえもんの声優にチャレンジ。その流れから月１回の無茶振りでは、上田も出演していた？／上田の例えツッコミを有田が追及。「ガゼッタ・デロ・カリカリーノ」の募集を始める。

第122回 2008.02.05

有田の結婚相手の条件とは？

有田、37歳の誕生日を迎える。生まれた時の37倍頑張り、結婚を目指すと宣言。結婚相手の条件は「パイオツとツーケー」と発言。一方で、その代わりに有田は自信を持って提供できるものとは？

僕らの時代 vol.8

2008年、北京五輪が開催。競泳男子の北島康介や女子ソフトボールなどの活躍で、日本は9個の金メダルを獲得。このほか、男子陸上400メートルリレーでは銀メダルを獲得した。

第109回 2007.10.16

『哲平・史子のラブラブナイトニッポン』

くりぃむしちゅーの同級生・よこみぞ（よこきん）が結婚することを発表／月１回の無茶振りは、波紋を呼んだ亀田大毅の試合に上田がセコンドでいた？／有田と噂の西川史子をゲストに呼んで、熱烈トーク。

第110回 2007.10.23

オープニングから古坂大魔王とトーク

古坂大魔王を交えて三人でトーク。冒頭から何の紹介もなかったため、放送直後から「誰だ、そいつは？」というリスナーの投稿が殺到する／聖徳太子の苦手な体位など、「古坂大魔王への質問」を実施。

第111回 2007.10.30

有田、年末までに8kg痩せると宣言

有田、人間ドックに行ってきたことを報告。視力が落ちて、カンペが見づらくなっている／メタボになり、有田のダイエット企画を開始。罰ゲームをかけて、２カ月で83kg→75kgの減量を目指す。

第112回 2007.11.13

珍しく、爽やかに番組を開始するも……

オープニングで「川島なお美、結婚スペシャル」と題すも、すぐに話が切り替わる／上田、ダミ声とタマキン顔に対する謝罪／良いニュースと悪いニュースのお知らせ／新企画「僕らの美談」がスタート。

第113回 2007.11.20

熊本弁の「まいったったい」でスタート

有田、故郷・熊本に帰ったら、接待がすごくて、何でも解決してくれる人の話をする／有田、母親に犬をプレゼントする／上田、憧れの長渕剛のライブにサプライズゲストとして登場する。

第114回 2007.11.27

上田、年末の紅白歌合戦に出場？

テノール版の「まいったね」でスタート。有田「ハッスル」で感動した話／月１回の無茶振りは、上田が紅白歌合戦にバックダンサーとして出ることを発表／有田のダイエット企画の途中経過を発表。

第115回 2007.12.04

上田プロパンはアコギな商売？

年末を迎えて流行語の話。上田はIKKOさんの「どんだけー」をパクッていた？／はうごつ、まうごつ、なばんごつ、だごんごつなど熊本弁の話／上田プロパンの偽装疑惑が浮上し、有田が追及する。

第116回 2007.12.11

リスナーの鬱憤を晴らす「ボンテージ!!」

年末のお笑い番組の収録で108組のお笑い芸人を見たことを報告。109組目にスターダスト有田が登場したら？／「クリスマスだよ、ボンテージ祭り、除夜の鐘スペシャル」を開催する。

僕らの時代 vol.9

ソニーの「Blu-ray Disc」が、東芝の「HD DVD」との規格争いに勝利。ベータとVHSを想起させるような次世代DVDのポジション争いは、多くの消費者の注目を集めた。

第123回 2008.02.12

「ガゼッタ・デロ・ブッコミーノ」が開始

カレー横綱あられが隠すほど好きだというエピソードにより、末広製菓から大量に送られてくる／芸能人に対してのサービスで迷惑な話、逆に対応がうまい人の話／ゴミメガネの女装が話題となり始める。

第124回 2008.02.19

有田のお見合い企画は大成功!?

相澤仁美、磯山さやか、大林素子をゲストに迎えて、「有田哲平、お見合いSP」を開催／ヤフー検索ランキング３位に「ロッキーの撮影」が入る／上田の若手の頃の「俺がケツ出しゃしまいよ」発言。

第125回 2008.02.26

週刊誌にスクープされた報道の真相とは？

本番直前までスタッフがゴミメガネの眉毛をいじるなど、緊張感のない現場に有田がキレる／上田がコソピンで政治・経済の番組を担当することが発覚／上田が週刊誌に女性問題を報道されるが……。

第126回 2008.03.04

番組ファンを公言するアジカンが登場

アジアン・カンフー・ジェネレーションをゲストに迎えて放送。音楽業界に伝説を残すために、上田がポコチンをしごくこと、陰毛をライターで燃やすことを提案／上田の「ひな祭り」に関する事件とは？

第127回 2008.03.18

DVD『特典映像』の監督はどこの天才？

有田がコソピンで制作したDVD『特典映像』の告知をオープニングからブッコミ。自分ではアピールできないため、上田に推薦の言葉を述べてもらう／あらびき団に出演のふとっちょ☆カウボーイが有田のお気に入り。

第128回 2008.03.25

5代目ディレクター・柴田に交代

有田はハワイに行って日焼けをする。一番の思い出は飛行機で観た『ALWAYS 続・三丁目の夕日』『フラガール』『恋空』／常にキンタマのことだけ考えている有田／ハタデメオとヨシモトコギオの話。

第129回 2008.04.01

ゴミメガネの女装がさらにエスカレート

ゴミメガネが髪の毛にエクステをつけてきて、次週あたりに女性ホルモンを打つ疑惑が発覚。さらに有田から１万円を借りてワンピースを購入／ババアのダイエット＆ナプキン話をする。

第130回 2008.04.15

「大学生活満喫講座」を開催

新生活を迎えた大学生リスナーのために、オリエンタルラジオをゲストに迎えてトークを展開する／有田、黒柳徹子を女性と意識して食事に誘うも、上田が気乗りしてなかったことに怒る。

第131回 2008.04.22

「春のイノキ祭り」

月１回の無茶振りは、「北京オリンピック」。上田が背泳ぎとハンマー投げの２種目に出場することが発覚!?／アントキの猪木、アントニオ小猪木、春一番をゲストに迎えて、リスナーからの悩みにアドバイス！

第132回 2008.04.29

「全国総ゴミメガネ宣言」を発表

有田、母親が水泳の世界マスターズに出場。平泳ぎで6位に入る。一方で有田は女性にあしらわれる毎日。その流れから「全国総ゴミメガネ宣言」をすることに。ゴミちゃんを携帯電話の待ち受け画面に設定する。

第133回 2008.05.06

ゴミメガネ党に賛同するリスナーが殺到

有田、タマキンの話の流れから、上田の誕生日を祝福する／前週の有田の「全国総ゴミメガネ宣言」を受けて、知り合いの女性から釈明のメールが届く／ゴミメガネ党が旗揚げへ！

第134回 2008.05.13

待ち受け&着ボイスでゴミちゃんが大人気

有田と上田、プライベートで出くわした話／有田、ババアから恋愛相談を受ける!?／ゴミちゃんの待ち受け画面の希望者が１週間で8000人まで達する。着ボイスを配信するなどゴミちゃん人気が頂点に。

第135回 2008.05.20

上田の大将とは?

韓国ロケでババアと下世話な話／月１回の無茶振りは、「上田の大将」。「やんちゃでポニーとユニークをこよなく愛し、大根を中心に生きた」とは？／「全国総ゴミメガネ宣言」では、女優の黒谷友香もゴミメガネ？

第136回 2008.05.27

岡田師匠のお手本ツッコミとは?

同じ言葉を２度繰り返す、知り合いの女性への対応に困る有田。それに対して、岡田師匠から「宇宙人出た！ワァオ！」といったツッコミの手ほどきを受ける／ゴミちゃんが渋谷でゲリラ闊歩したことを報告。

2008.05.27

2008.06.03

第137回 2008.06.03

岡田師匠の芸が荒れている!?

前週に引き続き、ますだおかだの岡田師匠の話。明石家さんまをパクッている疑惑／しりとりトークを展開し、話は意外な方向へ／待ち受け画面第2弾、浴衣姿のゴミちゃん画像の配信が決定する。

第138回 2008.06.10

「新宿二丁目マラソン」企画を生放送

晋也、上田の雑誌『number』的な話を披露するも、「ナンバらんなぁ」／上田の小学校の話を紹介／アジアン・カンフー・ジェネレーションが鉄板ネタをした報告／ゴミちゃん、新宿二丁目マラソンを実施。

第139回 2008.06.24

フツオタ、スペシャル回

家電好きの有田、ブルーレイや地デジを上田に勧める／リスナーからの素朴な質問に回答する「フツオタ、スペシャル」を実施／有田、前年に失敗したダイエット企画にリベンジすることを宣言する。

第140回 2008.07.01

上田、長渕剛とサシで飲みに行く

番組スタートから記念すべき3周年を迎える／上田、憧れの長渕剛と食事に行く。「お前も螺旋食うのか？」発言が出る／有田のダイエット途中経過／ぷにすけ・パチェコのコーナーが本格的に始動する。

第141回 2008.07.08

洞爺湖サミットで快刀乱麻の上田

月１回の無茶振りのテーマは、北海道で開催されている「洞爺湖サミット」。上田が仕切り役でサミットに乱入!?／有田のダイエット途中経過／ぷにすけ・パチェコのコーナーで評価基準が問題になる。

第142回 2008.07.15

正統な情報番組に大変革する!?

「リスナーが聴いて価値があるような“情報”を伝えていきます！」と宣言する有田／ゲームメーカー・コナミの社員の前でセガの商品『野球つく』をプレイする上田／偽の最終回告知、有田が一人で行う。

第143回 2008.07.29

27 時間テレビの裏話を披露

有田、小学生の頃にうんこがついたパンツをトイレに流す／27時間テレビで、デスノートのモノマネをするも、スルーされる裏話を展開／新企画「剛長渕の『へへっ、おめぇも螺旋食うのか』」がスタート。

第144回 2008.08.12

北京五輪についてハンパねぇ質問をする

２週間ぶりの放送で、休みの間に海外に行っていた有田。開催中の北京五輪について上田にハチャメチャな質問する。「世界新は誰が言い出した？」「床って何ですか？」など。

第145回 2008.08.19

「晋也上田のハンパねぇ質問」が始動

有田、長渕剛出演ドラマ『とんぼ』を久しぶりに見て、その感想を話す／有田がオリンピックに関するハチャメチャな質問をする／南海キャンディーズ・山里プロデュースのYGAが登場する。

第146回 2008.08.26

澤穂希選手とオリンピックトーク

北京オリンピック、女子サッカー日本代表の澤穂希選手をゲストに迎えて放送。なでしこジャパンのマル秘エピソード、選手村の裏話を聞く／加圧トレーニングからの腹を出す鉄板ネタを披露する。

第147回 2008.09.09

有田のダイエット企画、最終判定！

とんねるずの石橋貴明とネプチューンの堀内健でクラブに行った話／上田、慣れないことはやらないほうがいいと主張する／ダイエットリベンジ企画、有田が最終計測をするが、その結果は？

第148回 2008.09.16

有田の罰ゲームは意外な方向へ!?

くりぃむしちゅー内で仕事の格差が発覚。上田、「お前は税金が安くていいな」発言／女性の生理の日を当てることができるなど、海砂利水魚時代の恥ずかしい記事を紹介／有田の罰ゲーム内容がついに確定。

第149回 2008.09.30

罰ゲーム強化ウィークを開始

ババア大橋、食中毒と便秘の薬を間違える。さらに、メイトーにお手本トークを見せるも、「でも直行便じゃないんですよ」発言／罰ゲームクライマックスシリーズは、勃起薬を飲んで２時間生放送に挑戦！

第150回 2008.10.14

罰ゲーム強化ウィーク第２週目！

有田、コンビの仕事だと疲れることから「解散しよっか」発言／ネプチューンの堀内健の問題行動とは？／罰ゲームクライマックスシリーズ第２戦は、低周波マッサージを体につけて生放送に臨む。

僕らの時代 vol.10

国内第１号店となる「H&M 銀座店」が9月13日にオープン。当日は店前に5000人が列を作るほど盛況。幅広い世代の女性から支持を獲得し、ファストファッション流行を牽引した。

第151回 2008.10.21

堺正章がハンパねぇ質問に激怒!?

罰ゲームクライマックスシリーズ第３戦は、堺正章をゲストに迎えて「ハンパねぇ質問」を決行！「かくし芸なのに何で披露するんですか？」「抹茶とマチャアキの違いは何ですか」など。

第152回 2008.10.28

趣味をTENGAと宣言するが……

上田が、本番直前まである芸人について批判する／有田にTENGAが届き、万年使用可能なものとしてこだわる。その流れから風俗ルポの仕事をしていきたい発言／リスナーに恐怖されるメディア王の上田とは？

第153回 2008.11.04

改心した有田がお送りする放送とは?

「リスナーと正面から向き合う放送をしたい」とのことから、「心に一杯のミルクティーを。くりぃむしちゅーCAFE」を実施するが……／ゴミメガネ、ファッションテーマを聞かれて「非現実的」と回答する。

第154回 2008.11.18

エジプトで起きた衝撃的な事件とは?

エジプトロケの話を報告。日傘で野グソをしたババア。くりぃむしちゅーがけしかけて、ウエンツ瑛士が吉村作治にマジ切れされる／『くりぃむしちゅー語入門』が文庫化したことを発表。

第155回 2008.11.25

『上田晋也物語』の詳細を解説!

有田、上田の許可を得ずにブルーレイを買ったことを謝る／月１回の無茶振りのテーマは、映画『上田晋也物語』。上田が脚本・監督・主演の全てを担当した冒険活劇とはどんな内容なのか？

第156回 2008.12.02

ぷにすけ・パチェコのコーナーがカオスに

上田ちゃんネルで「24時間ぐらいテレビ」を実施／ボキャブラ天国のメンバーと上田啓介の話／有田、上田を持ち上げて罰ゲームを回避しようとするも、罰ゲーム内容が決定／有田、タマキンへのこだわりを話す。

第157回 2008.12.09

デヴィ夫人に「サラダバーですか?」

「ツッコミ道場！たとえてガッテン！」の罰ゲームとして「大御所芸能人にハンパねぇ質問リターンズ」を実施。有田の失礼な質問連発にデヴィ夫人は一体どんな反応を見せるのか！？

第158回 2008.12.16

くりぃむしちゅーファン必見の回

くりぃむしちゅーの謎を追うスペシャル。大学中退、栃木のイベンターは栃木ではない!?　有田と上田の出会いとは？　マツダの家でのセンズリ大会など。／これまでの偽の最終回告知とは違い、番組終了が決定。

第159回 2008.12.30

数々の名言&事件を振り返る

最終回、まさかのスターダスト有田でスタート／各ディレクターやスタッフが駆けつける／３年半にわたる番組の思い出をジャンルに分けて振り返っていく／「ぷ、サロンパス」事件の真相が紹介される。

第160回 2016.06.17

ファン待望!　7年半振りに復活

松尾ディレクターの離婚が明らかに／熊本復興支援トークライブの告知／「ツッコミ道場！たとえてガッテン！」「晋也上田のハンパねぇ質問」「有田哲平の魂のリクエスト！」など懐かしのコーナーを実施する。

第161回 2016.12.06

祝・有田が結婚!

有田が結婚をしたことで、結婚生活について語る。また結婚生活について相談／「ツッコミ道場！たとえてガッテン！」のほか、「スターダストNIGHT」や「上田相談員の一単語人生相談」なども復活する。

第162回 2017.05.29

懐かしの「まいったね」でスタート

若手の頃の“上田三股問題”はリスナーにとっては常識？／賃金とちんちんの違いの話／おちんちんの謙譲語と尊敬語は何？／有田進行役のせいでハガキが読めずにコーナーが終了してしまう。

第163回 2018.08.31

済々黌時代に通った思い出のお店

「いや、まいったね」でスタート／有田、出演中のＮＨＫの朝ドラマ『半分、青い。』の裏話をするかと思いきや、高校時代に通い詰めた「桃花園」の話。その天津飯や炒飯の味を再現したお店が存在する!?

第164回 2020.09.22

エイトブリッジの「うんティッシュ」問題

エイトブリッジの別府ちゃん、引っ越し先で後輩・遠藤のトイレが長すぎてキレる。「うんティッシュ」問題／「ツッコミ道場！たとえてガッテン！」は「エンゼルス大谷翔平」対「有田の家庭」で対決！

2020.09.22

KASA

コトブキツカサ

Special Interview

番組ファンなら、コトブキツカサさんを知らない人はいないだろう。彼はくりぃむしちゅーの後輩であり、かつて有田哲平さんの運転手を担当。ラジオの現場に足繁く通っていた彼だからこそ知っている、番組の裏側、くりぃむしちゅーの一面を聞いた。

Profile 映画パーソナリティとして各メディアで活躍中。年間の映画鑑賞数は約500本。かつてはお笑い芸人として活動。

有田哲平の代理で出演 その舞台裏とは?

――リスナーからは自己紹介ネタで知られているコトブキツカサさん。まずは、くりぃむしちゅーさんと同じ事務所に入ったきっかけを教えてください。

コトブキ 僕は、もとは別の事務所で活動していましたが、そこを2000年に退所したんです。カッコよく言えば、フリーになったんですけど、実際はほとんど仕事がない状態でした。

それで、当時は目黒に住んでいたんですけど、ある日コンビニに行ったら有田さんと偶然会ったんですね。昔、何度か仕事をしたことがあったので、「うわー、何してるんですか?」ってなったんです。そしたら、有田さんの自宅がそこから近いことがわかって、以降は月1ぐらいで有田さんの家に行ってビールを飲みながら喋る関係になりましたね。

――まずはプライベートで仲良くなったんですね。

コトブキ そうですね、くだらない話がほとんどでしたが、時には真面目な仕事の話などをしていました。例えば、当時、立ち上がったばかりのソニーのお笑い部門に紹介してもらう話をいただいたことがあったんです。それを有田さんに「ソニーに行こうかなと思っているんです」って報告したんですが、「いや、お前はネタをやるタイプじゃない」って言われて。そこから、くりぃむしちゅーさんが所属していたプライムに入る話の流れになったんです。

――有田さんの紹介で事務所に入ったということですか?

コトブキ はい、忘れもしないですね。有田さんが当時マネージャーだった大橋さんを家に呼んで、三人で話をしたんです。有田さんが「こいつ、うちに入れるから」って言ってくれたんですね。大橋さんが「そんなこと

くりぃむさんの楽屋で聞ける 裏オールナイトが楽しかった

KOTOBUKITSU

を言うの珍しいね。有田君がそこまで言うなら」っていうことで入れたんです。

――なるほど。そんなコトブキさんがオールナイトニッポンに関わっていくのはどのような経緯があったのでしょうか？

コトブキ　もともと、僕はオールナイトニッポンのパーソナリティをやりたくてこの業界に入ってきました。それで、プライムに所属してから少し経ったある日、『くりぃむしちゅーのオールナイトニッポン』が始まることになったんです。僕にとって、憧れの場所なので、有田さんに頼んで現場への同行を申し出たんです。そうしたら現場に来てもいいよって言ってくれて、それからは基本的に毎週見学に行ってましたね。

――そこから有田さんの運転手を務めることにもなったコトブキさん。思い出に残っている回はありますか？

コトブキ　大きなトピックは有田さんが韓国に行って帰って来られなかった回ですね。本当なら当日に僕が空港に迎えに行くはずだったんですけど、夕方ぐらいに大橋さんから電話があって、「有田君が帰って来れないかもしれない。とりあえず、あなた一人でニッポン放送に来て」って言われたんです。

でも、現場に着くと、皆さん意外に落ち着いていらっしゃったんです。「まぁしょうがないよね」みたいな感じです。とはいえ、有田さんがいない状況をどうするって話になって、その時に大橋さんが「コトブキをオープニングに出すっていうのはどう？　そういう展開も面白いんじゃない」って提案してくれたんです。めちゃくちゃ嬉しかったですね。しかも、本当はオープニングだけの予定だったんですけど、本番が始まって喋って、一旦CMに入って抜けようとしたら、上田さんが「いいよ。お前、ずっといろよ」って言ってくれて。

――思いもがけず、念願のオールナイトニッポンに出演したんですね。

コトブキ　はい。ただ、実は本番が始まる前からどうしようかなって悩んでいたことがありました。それがタイトルコールだったんです。番組の暗黙のルールに、有田さんが上田さんにタイトルコールを言わせないっていうのがありました。でも、有田さんの運転手をしている立場としては、何もできません。だから、結果は皆さんご存知の通り、上田さんが「くりぃむしちゅーのオールナイトニッポン」って言ってしまったんです。

でも、今思うと、やっぱりあれは僕が言わなくちゃいけない場面でしたね。それだけは今でも後悔していることです。

――当時、誰よりもくりぃむしちゅーさんのそばにいたと思います。印象的な出来事があれば教えてください。

コトブキ　僕は運転手だったので、ラジオ以外の現場にもついていました。その時に感じたのは、お二人は楽屋でもとても喋るということ。テレビの収録で喋って、楽屋で喋って、また本番で喋り倒すみたいな。お笑い芸人のコンビであまり楽屋で話している人たちって思い浮かばないんですけど、その数少ないコンビなんだと思います。

――その時お二人はどんなことを話されているんでしょうか？

コトブキ　お互いのプライベートなことよりも時事ネタが多いです。芸能人の結婚ネタから真面目な政治ネタまで話し合ったりしていました。普通のラジオだったら、こういう話をするよなって思うんですが、お二人はオールナイトニッポンではそういう話はしないんですよね（笑）。

だから、僕にとってその時間は「裏オールナイトニッポン」みたいで贅沢に感じていました。

くりぃむしちゅーのオールナイトニッポン

名言&神トーク集Part 2

番組リスナーなら誰もが知っているあのフレーズをピックアップ。
意外と知らない誕生秘話や名言の由来のほか、日常シーンでの使い方も紹介!

ロッキーのないのよ」

（第120回）

上田

「ぞろぞろ、ぞろぞろついて来てっけど、これ撮影じゃ

番組外でも反響!?
上田の代表的な例えブッコミ

テレビ番組『おしゃれイズム』で、ロケについてくる子どもたちに上田が放った一言。しかし、あまりにもわかりづらい例えツッコミに現場がしらけていたことを、オールナイトニッポンのリスナーが指摘して話題に。2008年2月14日の「YAHOO!検索急上昇ワードランキング」で、第3位に「ロッキーの撮影」がランクインするほか、一部レンタルビデオ店では同作品の貸出率が上昇するなど大きな反響を呼んだ。「ガゼッタ・デロ・ブッコミーノ」が始まるきっかけのひとつとなった名言でもある。

こんなシーンで使ってみよう!

人気店の行列を見かけた時や、大勢の人が並んでいる様子を例える時に便利。ただ、伝わりづらいので要注意。

「キングコング・バンディと猪木のボディスラムマッチみたいになってっけどよ」

（第093回）

上田

「第７回上田さんの１万円を争奪、リスナービンボー自慢フェスティバル」にて。上田の許可なく、勝手に１万円を争奪することが決まったことへの例えツッコミ。「試合に勝ったけど、勝負には負けた」という状況を表しており、プロレスファンでもわかる人が限られるマニアックなフレーズが◎。

「缶コーヒーを飲んだらうんこしたくなりませんか？」

（第004回）

くりぃむしちゅーのサイン＆握手会で熱狂的な上田ファンが投げかけた質問。これに対して、上田は「なるね〜、どうも〜」と流して塩対応するという暴挙に出る。

「宇宙人出た！ワァオ！」

（第136回）

一般人への対応に困ったエピソードを披露した有田。ますだおかだの岡田師匠に相談した結果、上記のようなツッコミをしたほうがよいと助言をもらう。

上田「お前はもう軽いEDじゃないよ。どっしりEDだよ」

（第094回）

若い頃は「男は股間で考える。女性をキャンタマ袋で考える」スタンスだった有田。しかし、放送当時では、いつの間にか楽屋での会話が精力剤の話になっていたことがわかったことに上田が一言。

有田「キンタマ触っとけよって言われたら、5時間ぐらい触ってられるから。竿のほうじゃないよ」

（第156回）

人生のほとんどをタマキンを考えることに費やしていたと豪語する有田。彼のキンタマへの愛情は並々ならない。

有田「おーさーは自信ないよ」

（第124回）

相澤仁美さん、磯山さやかさん、大林素子さんをゲストに迎えた「有田お見合いSP」にて。タマキンには自信はあるが、竿自体は自信がないということを、業界用語を使って表現した。

「面白いです。何のためにもならないですけど」

（第142回）

『くりぃむちゅーのオールナイトニッポン』をリアルタイムで聴いていたテレビ関係者の発言。まさに的を射た感想だ。

「ボンテージ!!」

（第116回）

にしおかすみこさん＆レイザーラモンさんをゲストに迎えた、「クリスマスだよ!ボンテージ祭!! 年忘れSM除夜の鐘SP」にて。ボンテージの意味を出演者の誰もがわからないまま、企画が終始進行。とりえず「ボンテージ!!」と言えば、何でもありの状態となった。

有田「ヒーヒッ！チキチキ、チキチキ」（第069回）

放送事故？
いえ、笑い声です

ＦＭラジオをイメージして生まれたキャラクター、スターダスト有田が発する笑い声。しかし、どう聞いても笑っているようには聞こえないため、上田は「怪鳥音」と表現したり、あまりのカオスな状況に「5分間だけ文化放送を聴いて戻ってこいよ」とリスナーに言ったりしていた。

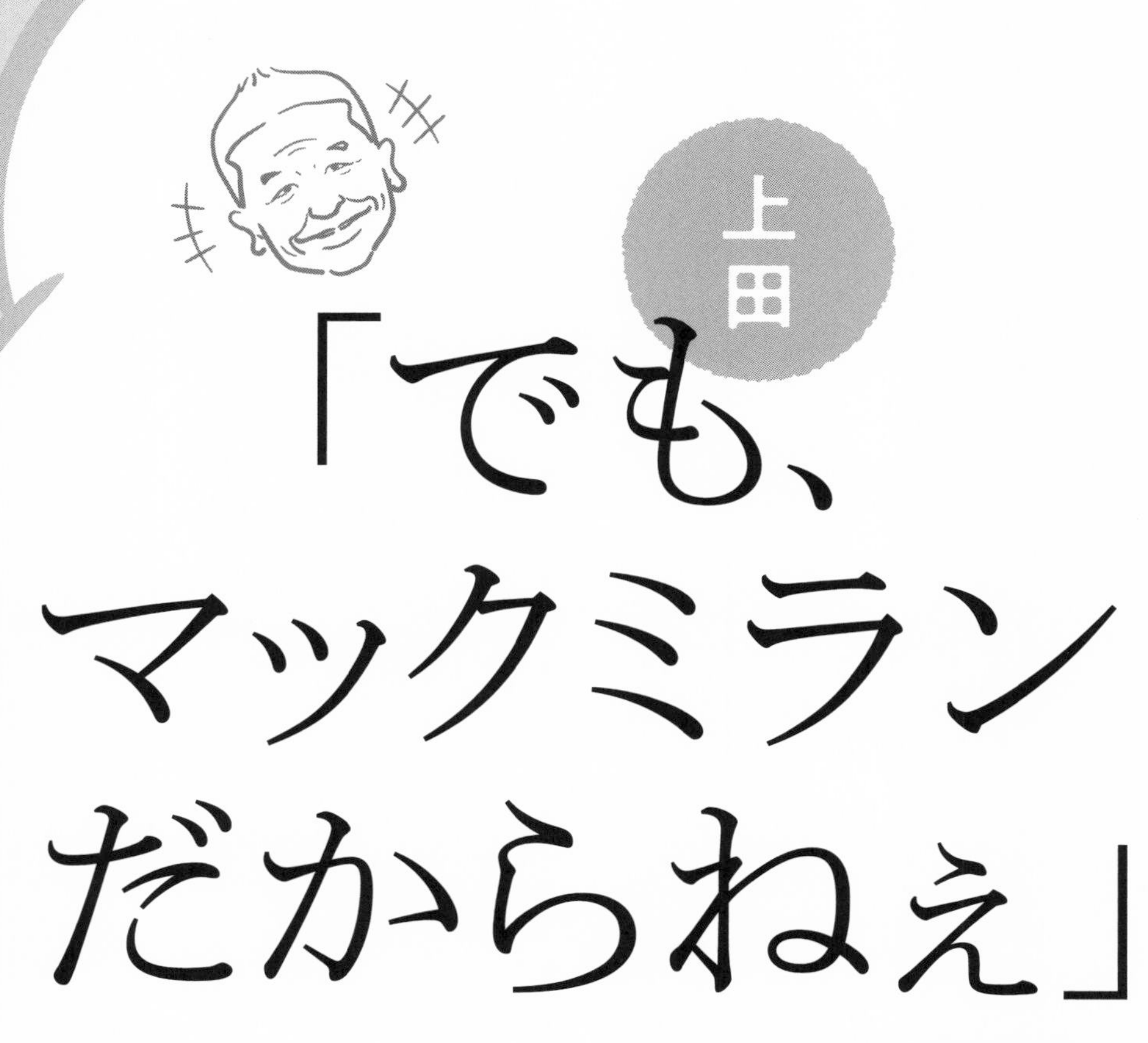

（第076回）

こんなシーンで使ってみよう！

「でも、〇〇だからねぇ」のフォーマットで使用可能。〇〇の部分にはブランドや素材を入れるのがポイントだ。

ファッションセンスのない上田の伝家の宝刀

上田が高校生の頃、母親が東京・原宿でベルトつきのケミカルウォッシュのデニムを買ってきたことがあった。しかし、あまりのダサさに、有田が「なんじゃそれ？」とツッコんだ時の上田の返し。その後のコーナー企画「上田晋也のでもおしゃれだからねぇ」につながる。他にも「ラム革だからねぇ」や「ニコルだからねぇ」など幅広いバリエーションを持つ。

有田

「うちちゃー」（第045回）

熊本弁で「殴りたい」の意味。済々黌高校・ラグビー部のミヤザキ先輩の母親（通称パママ）に対して、高校生の頃のくりぃむしちゅーがよく使っていた言葉だ。

こんなシーンで使ってみよう！

腹の立つ相手がいた時のストレス解消のためのフレーズとして。もちろん、本当に殴ったりしてはダメだぞ。

上田

「スパッツとは腰近辺に履くものである」（第150回）

コーナー企画「晋也上田のハンパねぇ質問」にて。あらゆる質問に流暢かつ明晰に回答する上田だったが、「スパッツとは何ですか?」という質問に対しては、歯切れの悪い答えに……。

上田

「俺は3連休あっても陰毛は燃やさないよ」（第126回）

アジアン・カンフー・ジェネレーションをゲストに迎えた回にて。音楽業界に上田の伝説を残すため、有田がライターで陰毛を燃やすことを提案。この他にも、本番中でポコチンをしごくなどの案も出た。

「お前じゃないよ、お前じゃ。俺だよ、俺!」

（第045回放送）

番組でお馴染みの「なせん」による名言

「済々黌・ラグビー部祭り」の回にて。ウォーミングアップを命じられた、ナカムラ先輩、通称「なせん」が同姓同名の後輩に放った発言。しかし、その直後、「なせん」のほうが勘違いしていたことが発覚。「なせん」は「俺じゃないよ、俺じゃ。お前だよ。お前」と言い直した。

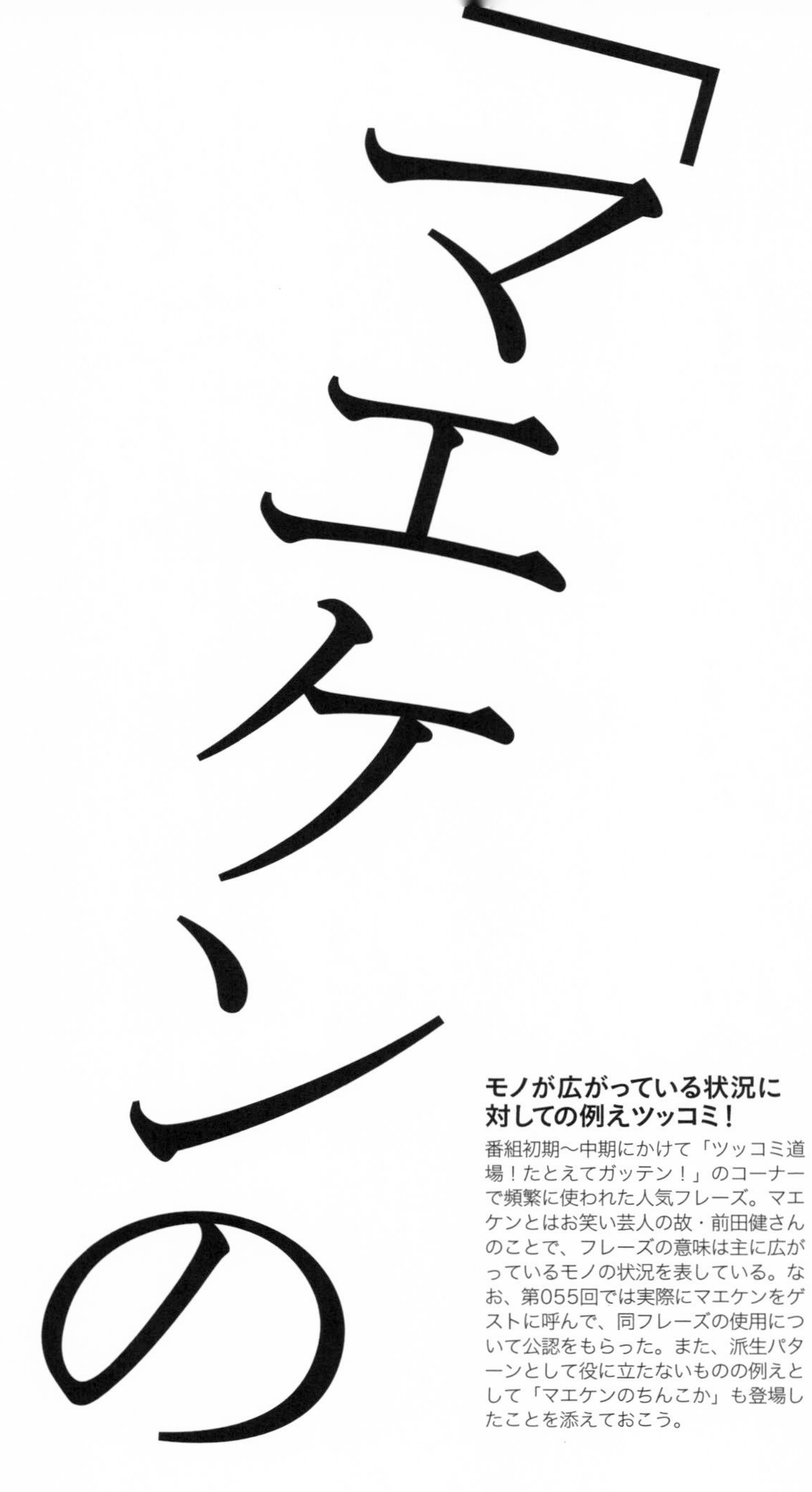

モノが広がっている状況に対しての例えツッコミ！

番組初期〜中期にかけて「ツッコミ道場！たとえてガッテン！」のコーナーで頻繁に使われた人気フレーズ。マエケンとはお笑い芸人の故・前田健さんのことで、フレーズの意味は主に広がっているモノの状況を表している。なお、第055回では実際にマエケンをゲストに呼んで、同フレーズの使用について公認をもらった。また、派生パターンとして役に立たないものの例えとして「マエケンのちんこか」も登場したことを添えておこう。

アナルか！」
（第042回）

「女っていつの時代も男の情熱に負けるんだよ」

上田

（第015回放送）

狙った女は必ず落とす上田の名言。有田の恋愛相談に対しても「お前が勝負できるのは情熱しかないだろ？　だったら行けよ」「向こうから来るの待ちかい？」「自信がないから自分から行かなくちゃいけない」「お前なんか傷ついていい存在なの、俺もそうだけど」など男気あふれた発言を連発。世の男性諸君も見習いたい姿勢だ。

「お酒かな？」

（第045回放送）

「済々黌・ラグビー祭り」にて。部活の遠征で電車に乗っている時に、有田と上田が酔っ払いに絡まれたことがあり、顧問の黒瀬先生が助けようとして一言。しかし、その後、黒瀬先生は酔っ払いにお酒を飲まされて顔が真っ赤になってしまうことに……。

「そこに目的があったら邪心なんです」

有田

（第108回）

すね毛をじーっと見ることができると主張する有田に、「何のためにすね毛を見るんだ？」と聞く上田。不毛なやり取りの末に出た答えが、上記のコメントだ。

「海は死にますか？」

「さだまさしに聞けやー」

「山は死にますか？」

「さだに聞けー」

「風はどうですか？」

「さだー!!」

「空もそうですか？」

「さだまさしに聞け、全部!!」


（第150回）

ハンパねぇ質問にカリカリ度MAX！

RN・アーノルド・シュワルツネッガー改めアナルいじるほど精子がドッパーから送られてきた「晋也上田のハンパねぇ質問」への投稿に答える上田。持ち味のカリカリした雰囲気を出しながら、「さだー！！」という強烈なツッコミが生まれた。

「俺はお前らを誇らしげに思う〜」（第045回）

ラグビー部の試合後、まさきよ監督の名言

済々黌高校・ラグビー部のまさきよ監督の名言。くりぃむしちゅーの高校時代、熊本で一番強かった高校と善戦をした際に放った、感動的なコメントだ。番組内では、ラグビー部のサワダ先輩のあだ名を紹介する際のエピソードとして紹介された。

こんなシーンで使ってみよう!

スポーツはもちろん、ビジネスシーンでもリーダーや上長になった時にチームを鼓舞する際に使うと◎だ。

上田
「そうそう、バカッ」「……何ですか……今の」（第102回）

番組100回記念イベントの模様を、ゲストとして迎えたテレビ朝日の大木優紀アナウンサーと一緒に振り返った回にて。上田のノリツッコミに、大木アナはドン引きだった。

「人間は、龍なんだって、元々は」（第101回）

2007年当時、世界が禁煙ブームになっている原因を、ネプチューンの堀内健氏が唱えた説で解説。いつか人間は龍に戻ることになっており、すんなり戻るために煙草を止めた人が増えていると主張した。

有田
「大事なお知らせをしているんですよ、インフォメーターとして。いま、シャーラッパーでお願いできますか、上田さん」（第094回）

番組告知のシーンにて。有田がインフォーメーターである一方、上田はドットコマーやホームページャー、テレフォンナンバラーの役割を一方的に任された。

「いま180%セックスがしたい」（第087回）

フリートークで、さえないテレビ番組の制作スタッフが話題に。上記は、そのスタッフが一目ぼれした女性に告白した時の言葉だ。さらに、女性の「デートはどこに連れてってくれますか？」の質問に「ヤレればどこでもいいです」と返す始末だった。

有田
「おっぱいが大きいから、悲しみ背負っているだろ」（第089回）

プライベートで行った韓国旅行から帰って来られず、番組をドタキャンした有田。当時、運転手を務めていたコトブキツカサが、有田の女性への誘い文句を暴露した。

こんなシーンで使ってみよう!

女性を口説く時に使ってみよう。成功する確率は低いが、失敗しても本誌及び関係者は一切責任は取れないぞ。

イベント日時を表す
番組ファンの必須知識!?

番組100回記念のイベント告知で使われたフレーズ。最初の３桁はイベント日時の８月18日を表しているが、その後の２桁は「18」でサンドイッチしたいからという理由で付与。なお実際のイベント日時は８月18日14時だったため、「81814」だった。ちなみに、番組復活の際、番組公式ツイッターはこの方式を使って告知したことがある。リスナーならぜひ知っておきたい知識のひとつだ。

＼こんなシーンで使ってみよう！／

待ち合わせ時間を伝える時に◎。リスナーじゃないとわからないため、番組を聴いたことがある人に使うべし！

18」（第098回）

有田

「818

有田

「明日ね、死のうかなと思ってる」

テンション高めの「いや〜、まいったね」から、まさかの一言。オープニングにて。**（第123回）**

有田

「上田さんのキンタマは輪をかけてしわくちゃだった気がする」

（第087回）

人生は結局、良いことも悪いこともトータルではプラスマイナスゼロになるという「人生平等論」を展開したくりぃむしちゅー。顔はキンタマ袋みたいだけど、キンタマ袋はさらっさらっ。そんな上田の主張に対して、有田が放った言葉。

「ババアとクソどっちいこう。よし！ババアでいこう！」

（第159回）

番組最終回でこれまでの思い出を振り返った時に発覚したエピソード。初代ディレクターの松尾が本気で放った一言だ。その後に「タマキンに喋らせとけ」と言ったとか言わなかったとか。

上田

「実は包茎でしたぐらいのオチしか思いつかないよ」

（第098回）

番組100回記念の野外イベントで、上田が下半身ショーというコンテンツをする計画が浮上。下半身タイタニックをやろうと提案した有田に対して、上田はしっかりとオチを考えていた。

上田
「俺がケツ出しゃしまいよ」
（第124回）

現在は知的なイメージだが、若手時代は脱ぎキャラだった上田。そのスタンスを表す象徴的な一言だ。当時の上田はどんな企画を引き受けても、最終的にはお尻を出すのが定番だったのだ。

有田
「上田さんがいつも横でカリカリ、カリカリしている。カリカリ男がいるから」

上田
「ガリガリ君みたいに言うな！ 人を」
（第100回）

番組100回記念イベントの告知の流れでのやり取り。有田がだらだらとわかりづらい説明を繰り返し、上田のカリカリが増長するというのがお決まりだった。ただ、上田は「よーし！今日も俺のカリカリを見てくれよ」と思っていた節もある!?

上田
「先行ってんかんな」「見んなよ、おめーよ」
（第077回）

高校生の時、学校からの帰り途中で、いきなり上田が有田に言い放った言葉。訝しく思った有田が追いかけてみると、上田は熊本にある大甲橋の下で野グソをしていた。ちなみにこの当時、有田は上田のことを「晋也」と下の名前で呼んでいたという。

ユニセックスを違えないか」

（第132回）

リスナーに呼びかけたゴミちゃんの名言

ゴミちゃんことサブ放送作家のホンマの決め文句。番組後期から網タイツを履いたり、髪の毛にエクステンションをつけたりと謎のユニセックススタイルが話題に。有田の「全国総ゴミメガネ宣言」と相まって、番組後期では大きな盛り上がりを見せた。

有田　「先週、ソニー・ミュージックレコーズさんがやってらっしゃいましたけど」

上田　「さんづけすんのおかしいし。高校野球の監督が敵チームにさんづけするようなもんだよ。青森山田さんがみたいなもんだよ」

（第107回）

１週間お休みした後のオープニングトークにて。有田は「第106回で番組は一回終了しているので、番組復活の体裁になる」と主張。そのなかで行われたやり取りだ。

「お前も螺旋食うのか？」

（第140回）

上田が憧れの長渕剛と食事に行った時に言われたコメント。ここでの「螺旋」とは、その形状にカットしたきゅうりや人参などのことを指している。その後、コーナー企画にまで発展した名言である。

「俺と一緒にはき

上田「くりぃむしちゅー上田晋也と」

有田「実は有田哲平が喋っておりました」

上田「暖かくして寝ろよ〜」

有田「僕から以上!!」

（第091回）

放送末尾の二人の定番フレーズ。最後の「僕から以上!!」は、済々黌高校・ラグビー部の顧問だった黒瀬先生の口癖でもある。これを聴いてリスナーは眠りについていた。

くりぃむしちゅーの後輩に聞く! File.03

浜ロン

Special Interview

テレビ番組の前説のほか、本を出版するなど多方面で活躍する浜ロンさん。上田さんの付き人でもあり、一人のリスナーでもあった彼から見た『くりぃむしちゅーのオールナイトニッポン』とは? 自身の芸人人生と重ね合わせてその想いを語ってくれた。

Profile　「ハト派芸人」と名乗り、無理をしない芸風で活動。2007年「R-1グランプリ」で準決勝に進出。2020年出版の『ダ名言』が話題に。

芸人としてヘコむぐらい楽しませてもらった

——早速ですが、浜ロンさんとくりぃむしちゅーさんの関係について教えてください。

浜ロン　僕はお笑い芸人を目指し、一度吉本興業さんの学校のNSCに入ったんですけど、紆余曲折を経て、改めて1999年にくりぃむしちゅーさん（当時は海砂利水魚）が所属していたプライムに入りました。

当時はボキャブラ天国の終わりかけの時期だと思うのですが、たまたまくりぃむしちゅーさんの事務所が募集をかけていて、それに応募したのがきっかけです。

——浜ロンさんは、とくに上田さんと仲が良いイメージがあります。

浜ロン　そうですね、上田さんと出会ったばかりの頃、「何か映画とか漫画で面白いもの知ってる?」と聞かれたので、漫画『修羅の門』をおすすめしたんです。それで上田さんの家に遊びに行く時にその漫画を10冊程持って行ったのですが、当然その日だけでは読み切れないので上田さんの家に置いていくんです。

そしてまた遊びに行った時に漫画の続きを持って行き、読み終わったものは返してもらう。そんなやり取りをして、数回家に顔を出しているうちに、仲良くさせてもらいました。僕も野球とかプロレスが好きなので、そういう面でも話の取っかかりが多かったんだと思います。

——浜ロンさんは『くりぃむしちゅーのオールナイトニッポン』のリスナーだったとも聞きました。当時は、どのような状況で聴いていたのでしょうか?

浜ロン　その時期は僕がピンになって活動していた頃でしたね。コンビニで深夜のアルバイトをしていたんですけど、その店舗が駅のなかにあったので、深夜1時になると店を閉めていたんです。それでお客さんがいない状態になり、一人だけで朝の開店の準備をしつつ、お店のなかで聴いていま

神々のお喋りと思って番組を聴いていました（笑）

HAMARON

したね。

僕は『くりぃむしちゅーのオールナイトニッポン』は、冒頭のフリートークがすごく好きでした。ただ、芸人からしたらあれを聴くと、面白すぎてヘコむから「気軽に楽しく」っていう気持ちだけではとても聴けない、という感情もあったんです。

——面白すぎてヘコむというのはどういうことでしょうか？

浜ロン　実力の差というかレベルの違いを感じずにはいられないので、安穏と聴いてられないんですよね。ラジオをつける前に「よし、聴くぞ！」みたいな気合を入れていたのを覚えています。

——なるほど。芸人さんならではですね。では浜ロンさんは、この番組の魅力についてどのように感じていましたか？

浜ロン　トークというのは、もちろん内容やセンスも大事だとは思いますが、でもこの番組は有田さんの喋っている声のトーンと、上田さんの「何だよ、それ、くだらねぇな」っていう友達同士が楽しそうに喋っている雰囲気に不思議と巻き込まれてしまうんですよね。だから、お笑い芸人のテクニックとかそういう次元から少し離れた、純粋に楽しい話を盗み聞きしている、そんな感覚に近かった番組です。

——わかりやすいですね。次に、浜ロンさんから見た上田さんのすごさを教えてください。

浜ロン　上田さんは、ツッコミはもちろんのこと、実はその場で作ったルールを瞬時に把握する力がすごいと思います。わかりやすい例で言えば、無茶振り。有田さんが今設定した「箱」のなかでギリギリで遊びまくる技術は、本当にびっくりさせられます。無茶振りというのはすごく自由に見えますが、実はこれを言ったらお終いだよっていうワードがあるはずなんです。でも、その興冷めする一言を絶対に言わない。そこに触れそうで触れずに踊る。わかりやすく言うと、まさにプロレスが上手い。しかもそのベクトルが常に正確で、早いです。

——なるほど。では普段、上田さんと接しているなかで印象に残っていることはありますか？

浜ロン　上田さんと飲みに行っている時に、くりぃむしちゅー論を語ってくださったことがありました。その時に上田さんが「俺、有田より頭のいい奴を見たことないわ」って言ったのが印象的でしたね。仲の良いコンビとして有名ですけど、本当にお互いを尊敬しているんだなと思いました。

——最後に、本を執筆したと聞きました。ご紹介をお願いします！

浜ロン　「自分はこう考えて生きています」ということをノートに書く「1行日記」をツイッターで発信しているんですが、それをまとめた書籍『ダ名言』(主婦の友社)を発売しました。

——サブタイトルにあるように、気持ちが軽くなる言葉が並んでいますね。実はこの本にも上田さんとの秘話があるとか？

浜ロン　上田さんには帯の推薦文を書いてもらいました。そしてそのお礼を伝えるために、電話をしたんです。そしたら、上田さんが「2パターンの帯を書いといたから」って言うんですね。ひとつは「お前、本という形を借りて、オレに文句言いたいだけだろ？」という採用されたパターン。もうひとつが、ちょっと言うのが憚られるような危ない文言だったんです(笑)。

それで、「いやいや。これだと上田さんの印象も最悪じゃないですか？」って言ったんです。そしたら、「いや、だから俺もこっちが採用されたらリスクよ。でもやった以上は勝負よ」みたいなことを言うんですね(笑)。もちろん、冗談で作った推薦文なんですけど、プライベートはボケてばかりの素敵な方です。

抱腹絶倒すること間違いなし!

二人が喋り倒す濃密な2時間

興支援

ライブレポート

2016 年から実施されている、くりぃむしちゅーのチャリティトークライブ。故郷・熊本の復興支援を目的としており、公演は毎回満員になるほど高い人気を誇る。今回、本誌はそのチャリティイベントをレポート。その全貌と魅力について紹介する。

くりぃむしちゅー

熊本復興

チャリティトーク

お互いの話に爆笑する上田と有田。二人が出演するテレビ番組の裏話やプライベートの出来事など、その場でしか聴くことのできない内容はファンなら感涙もの。

テレビでは聴けない口外無用のマル秘トークを堪能せよ!

2000万円以上を熊本のために寄付

くりぃむしちゅーが舞台に現れた瞬間、観客席が拍手に包まれる。いわゆる漫才やコントではない。二人だけのトークを2時間丸々楽しめる時間の始まりだ。

このチャリティイベントはくりぃむしちゅーの希望で実現した。事の始まりは2016年4月、熊本地方に震度7の大地震が襲った。ご存知の通り、多数の死傷者、住宅の全・半壊を出すなど、被災地は大きな被害を受けた。この故郷・熊本の一大事に動いたのが、有田哲平と上田晋也で、「何か自分たちにできることはないのか」と模索。その結果、実現したのが、「くりぃむしちゅー熊本復興支援チャリティトークライブ」なのである。

気になるイベントのトーク内容は、回によって中身が異なる。各自が出演するテレビ番組の裏側の話、オフシーンでの出来事、

↑2021年3月現在まで計41回開催。小規模会場のため、目視で二人を確認できるのも嬉しい。

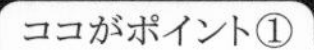

ココがポイント①

有田と上田だけの2時間たっぷりのトーク

今やテレビで見ない日はないほどの人気を誇るくりぃむしちゅー。そんな二人によるトークを２時間丸々味わえるのはかなり貴重だ。各自が出演するテレビ番組の裏話などを披露してくれるため、ディープなトークを楽しめる。

ココがポイント②

オールナイトニッポンならではの話題もあり！

母校、済々黌高校・ラグビー部やおばさんマネージャー・ババア大橋（現・事務所社長）など『くりぃむしちゅーのオールナイトニッポン』で人気を集めた話題も会場ではネタに。オールナイトニッポンファンも、十分に楽しめる。

↑センターマイクを使ってトークすることも。話されるネタについては来場者だけのお楽しみ。

↓来場者に感謝を込めて握手する二人。ファンへの丁寧な対応も人気の理由のひとつ。

ココがポイント③

募金活動を通して熊本復興を支援

トークライブイベント終了後に行われる募金活動の様子。有田と上田が、来場者一人ひとりに丁寧に対応して握手してくれる。なお、これらの活動を通して集められた義援金は熊本県に寄付されており、復興支援に役立てられている。

学生時代のエピソードトークなどを中心に、ここだけでしか聴けないコンテンツが盛りだくさんだ。

ちなみに、今や大御所お笑い芸人となったくりぃむしちゅーだが、このチャリティトークライブでは出演ギャラをもらわずに登壇。イベント場所についても、自分たちで手配しているという。決して多くを語らないが、２０１６年から現在までの二人の行動を見れば、いかに故郷・熊本を想っているか推し量ることができる。

基本的に月１回のペースで行っていたチャリティトークライブは、残念ながら現在（２０２１年３月時点）は新型コロナウイルスの影響によって中断している。だが、時期を待って、今後も継続する予定とのこと。再開した際には、ぜひ会場でくりぃむしちゅーの二人が作り出す笑いと癒やしの空間を味わってみてはいかがだろうか。

フリートーク傑作選 01

2006.10.24

ウエダノジナンボウが競馬・菊花賞で2着に入る!?

有田 競馬をやったんですよ。秋華賞は終わったんだっけ？　秋華賞と菊花賞が終わったんだよね、秋競馬はね。

上田 うん。

有田 秋華賞は当てました、一言で言えば。この間の菊花賞ですけども、ちょっとディープインパクトは凱旋門賞でやられちゃったじゃないですか、期待していたんですけども。

上田 うん。

有田 だから、僕はメイショウサムソン、まぁ競馬を知らない人もいるかもしれないけど、今回の菊花賞を獲れば、ディープインパクトと同じ3冠馬だったの。僕はだから、やっぱりメイショウサムソンを基準として買ってたわけですよ。

上田 夢を乗っけてね。

有田 うん、夢を乗っけて。それ以外に、僕のこじつけ理論じゃないけども、いろいろ買ってたの。で、これはもうあくまでも確認でしか言いようがないんだけど、上田さんも一緒に競馬、新聞広げてやってましたよね、日曜日。

上田 やってたよ。

有田 結果出て、たぶん外れたみたいな情報が入ってきて、「何だよ。メイショウサムソンが来なかったらもうダメじゃん」みたいな話して。で、確かだけど、上田さんのところに電話がかかってきたのを覚えているんですよ。

上田 まぁね。

有田 そこで何だっけな？　何か変なこと言ってたんですよ、上田さん。

上田 何て？

有田 たぶん友達、後輩とか関係者だと思うんですけど、「取りました？」、「菊花賞どうなりました？」みたいな電話がかかってきたのは覚えているんですよ。そしたら、上田さん答えてたんですよ。「1位がソングオブウインドっていうのが来たんだよ。まさかなんだよ」みたいなことを言ってたのを覚えているんだよ。で、「2着は？」みたいなことを聞いた時に「俺」みたいなこと言ってた？

上田 ……うん？

有田 「2着は俺だよ」みたいな。

上田 ……聞いてた？聞いちゃってたか。

有田 俺、落ち込んでたから、さらっと話を流してたの。

上田 まぁ流してくれてかまわないよ。

有田 ちょっと待って。かまわないよじゃない。競馬ファンとしてびっくりじゃないですか。だって俺も馬券外しているんですよ。

上田　まぁね。

有田　1位にソングオブウインドが来ました。この時点で外れているから、僕は何とも思わなかったんですけど、「2着に俺」って何ですか？

上田　俺、俺。上田晋也よ。

有田　え？　え？　ちょっと待って下さい。うーん、これちょっと頭を整理しないと、1回。

上田　ウエダノジナンボウよ。

有田　ちょっといいですか、上田さん。じゃあ、単刀直入に聞きますけど、上田さんって菊花賞に出走したんですか？

上田　うーん、まぁ言うまいとは思ってたんだけどね。正直、菊花賞は俺止めとこうとは思ったのよ。でもね、3冠を阻止するのはもう俺しかねぇだろみたいなJRA側からの熱い要望もあったからね。だから出たよ、正直。

有田　あのー、いろいろ、もしかしたらJRAのコネクションもあるのかもしれない。そこは僕は詳しくは聞かない。

上田　まぁ、それは言えない部分はある。

有田　ただ、前提として競馬なんですよ。「お前しかいない」って言っているJRAもバカでしょ？　まず一番にね。「そうか、俺か」って受けてる……ちょっと待ってね。騎手で出たってこと？

上田　いや、違う違う。走りよ。

有田　要は競走馬のほうで出たってことですよね。でも上田さんは馬じゃないですか？

上田　まぁ、〝競人〟になっちゃうよね、そういう意味で言うとね。でも違うのよ。いろいろ二転三転したっていうのがあるわけ、話が。

有田　詳しく聞かせてよ。

上田　今、武豊がね、凱旋門でディープインパクトの乗り方はどうだったんだと物議を醸してたりするわけよ。「乗り方を間違えてたんじゃないか」みたいなね。でも、いわゆるスタージョッキーなわけじゃんか。そのスタージョッキーがケチをつけられている。スターホースのディープインパクトもケチをつけられている。

有田　薬物がどうだとかね？

上田　そう。で、ここで、JRAとしては保険を打ちたかったんだろうね、保険を。

有田　うん。

上田　メイショウサムソンが負けた場合、こっちはこっちでスターを作らなければいけない、ジョッキーのほうで。そこで「ちょっと上田さん、お願いできませんか？」と、JRA側からあったわけ。

有田　何でなの？　上田さんは騎手ではないですよね？

上田　っていうのは前さ、あのダビスタにハマってたじゃんか。あれでかなりの技術はあるとJRAが踏んだみたいで。あとね、大河ドラマの付き人でさ、15年ぐらい前。

有田　渡辺謙さんのでしょ？

上田　そうそう、渡辺謙さんとかと一緒に大河ドラマの現場にずっといたわけじゃんか。で、休みの日に渡辺謙さんとかが乗馬の練習をするわけ。俺も合間にちょこっと乗ってたのよ。「上田、お前も乗れよ」って言われて、あれでバレたね。

有田　いやいやいや。そこの話はまだ俺も文句は言わないですよ。だってそれだったら、JRAもタレントの上田さんが騎手として馬に乗って出れば、ひとつ話題になるじゃないですか。ここまでは「何で上田、急に」と思うよ。ただ、違うんだよね？
上田　向こうはジョッキーとしてやってくれって言ってきたみたいなんだけど。
有田　何かの馬に乗れってことでしょ？
上田　それを勘違いしちゃったのよ。走れのほうだと、俺がね。俺が手綱を口にくわえて走れってことなのかなって思ったの。
有田　どうしてそこで勘違いしちゃうのかな？　上田さん。
上田　俺、結構足速かったからね。
有田　いや、違うじゃん。だって、競馬の大会はわかるでしょ。別に上田さんは自分だからわからないかもしれない。有馬記念どうします？　（例えば）吉田さんが一人でスーツ着て走ったら、どう思います？
上田　まぁ、スーツだったら。
有田　いや、スーツだからとかじゃない。ジャージ着て走ったからっていいもんじゃないよね？　危ないし、まず。
上田　まぁね。
有田　なぜそれに気付かない？
上田　俺、風邪引いてたじゃん。冷静な判断能力がなかったって言ってしまえばそれまでよ、もう。
有田　だけど、上田さんが勘違いしとくのはいいですけど、最悪ね。ＪＲＡが許さないでしょ？　当日になって、どんな格好で走ったのか知らないですけど、どんな格好で走ったの？
上田　いや、だからピンクとオレンジの混ざった勝負服で走ったんだけど。ジョッキーみたいな感じでね。俺、でも最初断ったわけ。菊花賞は止めとくわって。
有田　（笑）。菊花賞だけじゃないけどね。
上田　何で菊花賞を断ったかって言うと、長げぇじゃん、距離。
有田　３０００ｍ。
上田　疲れちゃうわけ、俺も。ぜぇぜぇ言うから。「マイルチャンピオンシップにしてくれねぇ？」って言ったの。マイルチャンピオンシップだったら、一気にガーって走り抜ければそれまでだからさ。ワーって言いながらさ。
有田　（笑）。ワーって言いながら走り抜ければそれまでっていうのもわからないけど。
上田　それまでよ、もう。でも、３０００ｍはワーっじゃ済まないんだよ、一息入れないと、どっかで。３㎞だよ？
有田　いや、だからその覚悟は自由ですけど、当日ＪＲＡの人が止めるでしょって言ってるの。
上田　でも、お前高校時代、走っただろ？「１・５㎞走れ、今日は」とか。
有田　山まで走れとかあったよ。
上田　きつかったじゃんか。３㎞はその倍だよ。
有田　そういう覚悟は自由ですけど、「当日入りましょうか、スタートゲートに」みたいなこと言っている時に係員が誰かしら言うでしょ。「上田さん何やっているんですか？」って。「競馬ですよ、これは」って。
上田　でもね、言ってもさ、例えばパドックで馬に誰か乗っているかっていうと乗ってないじゃん。
有田　まさか、パドックも？
上田　パドックはだから別に、手を振りながら声援に応えながらクルクル回ってたよ。でもその段階では、ジョッキーが一人来てらぐらいにしか思ってないよ。
有田　まぁ後ろからついて来ていると思うよね。あれ見ながら「ももに肉つきすぎじゃない？」て言う奴はいないよね？
上田　まぁ言わないわね、それはね。
有田　まさか出るとは思わないからな、上田さんが。

上田　まぁ俺の毛艶ぐらいは仮に見てもな。仮にな、見てもあいつが走るとは思わないじゃんか。

有田　（笑）。ありますか？　上田さんは見たこと？　パドックに歩いている人を見ながら「あいつ、毛艶いいから一応押さえておくか」みたいなことありました？

上田　（笑）。ないよね。

有田　あるわけないよ。毛艶なんて見るわけない。

上田　いや、それは見てないと思う。で、本馬場入場するわ。したあともジョッキーは降りてたりするじゃん。

有田　まぁね。

上田　だから、俺は降りている人だと思われてたんだよ。

有田　でも一応アップはしてたんでしょ。

上田　太ももを高めに上げながらね。いわゆるアップだよね。サッカーの控えの選手とかが、太ももを上げる。ああいうウォームアップを俺はやってたよ。

有田　まぁ、でも何してんだと思うよね。でもみんな見てないのか。馬ばっか見てるだろうし。

上田　そうね、で、いわゆるフジテレビの競馬中継もドリームパスポートがどうだとか、メイショウサムソンがどうだとか、アドマイヤメインとかを追っているから、俺のほうにはカメラが来てないよ。さあ、それでゲートインの時よね。じゃあ偶数の馬から入りなさいみたいな指示が出たわけ。6枠だったじゃんか、俺？

有田　いや、知りませんよ。そんなど真ん中にいたんですか？

上田　6枠よ。真ん中のほうがバレないんだって。端っこはバレやすいもん。

有田　いや、バレる、バレないじゃない。

上田　しかも大外だと、観客席から近いじゃんか。だから、バレるんだよ、「あいつ上田だろ」「上田走ってるじゃねえか」みたいな感じになるから、真ん中あたりが一番紛れるんだよね。

有田　その時点で誰も止めなかったんですか？　みんな暴れながら入るじゃないですか。そこで上田さん、のうのうと入ったわけでしょ、まっすぐ歩いて。「そこ6枠何しているんですか？　馬は？」って言われなかった？

上田　あーいう時ね、あるじゃんか。「俺、いいから、いいから」って言えば、向こうは何も言えなくなっちゃうみたいな。「いいからいいから、気にしなくていいから」って言ったら、そうなのかな？みたいなところあるじゃんか。

有田　そうなの？

上田　あるじゃん。じゃあ例えば、テレビ局に勝手に入っていくと、「あんた入行証は？」って「あー俺はいいんだ、いいんだ」って言ったら、あの人は偉い人なのかなって思っちゃう部分ちょっとあるでしょ？　そういう感じよ。だから、「6枠何しているんですか？」「あ、俺いいからいいから」って言って、ガチャンって入って。

有田　偉い人なのかなとは思うかもしれないけど、馬とは間違えないよね？

上田　（笑）。

有田　あ、この人、馬なのかなとは思わないじゃん。まぁでもでかい大会だから、みんなテンパってたのかな。

上田　テンパって緊張してたんだよ、JRAも。

有田　で、馬が入りました。奇数馬も入りましたよ。で出たよね。走ったの？

上田　いや、だから出だしはすげぇ良かったよ、俺。

有田　一人だけ普通に走っている人がい

たってこと？　馬が17頭いて。
上田　いたね。
有田　いや、いたね、じゃなくてそっちがメインなのよ。
上田　(笑)。
有田　馬もいたよ、みたいな言い方してましたけど。
上田　俺、ゲート出るのは得意なのよ。
有田　いや、知りませんよ。そんな練習いつしてたのかなんて知らないし。
上田　得意なのよ、ガーっと出て。
有田　どの辺にいた？　俺もレース見たけどいた？
上田　最初アドマイヤメインがダーッと逃げて相当飛ばしてたじゃんか。で、2番手グループが10馬身近く離されてたでしょ。その4番手ぐらいにいたよ。
有田　えぇ？　俺、見てたけど、馬に隠れてたのかな。一人ダッシュしてたの？
上田　ダッシュしてたよ。でも後で実況聞いたら「いいとこにつけております。ウエダノジナンボウ」みたいな感じで言ってたよ。
有田　馬名がウエダノジナンボウっていう名前なの？
上田　単勝が8・6倍よ。

有田　結構買っているんだ！
上田　(笑)。
有田　あいつ勝てるかもしれないって思っている奴がいたんだ。
上田　(笑)。俺は正直ふがいなかったよね。メイショウサムソンが1倍台で8倍もつけられちゃさ。俺ちょっとキレてたよ、レース前から。もっと買え！と。
有田　普通はそんなの取り消しですよ。「あれ、何だよ！一人だけ人間走ってるんだ」って言って取り消しじゃないですか。
上田　でも、8・6倍つけられちゃ、俺をなめるなよ、みたいなところがあったよね。もちろん、レース直前には8・5倍までにはなったよ。
有田　そこはいいんですよ。0・1は。ただまぁ認められてたってことだよね。JRAとしてもウエダノジナンボウっていうのが出てたわけだから。
上田　でもJRAはそういう馬なのかなって思ったかもしんないよね。
有田　上田さんも上田ですからね。ウエダノジナンボウって親父を中心に……。
上田　(笑)。
有田　ウエダシンヤでもいいんですよ。ウエダノジナンボウって親父も名馬だったみたいな雰囲気してますけど。
上田　(笑)。
有田　で、どうなったの？　結果は知ってますよ。結局、メイショウサムソンはダメで、ソングオブウインドがワーッと差したよね。その2着って？
上田　2着、俺よ。2着よ。
有田　あっそう。
上田　ドリームパスポートが2着になったじゃんか。その後審議のランプがずっと点いたじゃん。お前その後ちゃんと見た？　確定ランプになるまで？
有田　いやいや。
上田　ドリームパスポートが最後の直線で斜行してきたのよ。俺の前を横切ったわけよ。それによって俺が正直、6着になったわけ。でVTRで観た結果、ドリームパスポートが俺の進路を妨害してなかったら、あれは2着だと。
有田　上田さんが出ていること自体が妨害ですよ、レースの。そんなおもだってくれてんの？
上田　で、2着よ、最終的には。
有田　それはいくら何でも、上田さんあれですよ。僕は次の日の新聞見ましたから。2着はドリームパスポートでしたよ。

上田　うん？　俺だよ、俺だよ。
有田　もしかして、2着何だって審議になったのかもしれないけど、今の話聞いた結果だけど、やっぱりJRAとして考えて、人間はやっぱいけないんじゃないかってことになったんじゃない？
上田　うーん、いや、だからそれは正直揉めているわ、揉めているよね。だから、俺から出るとは言わないけど、有馬でファン投票で上位になったら出ざるを得んから、俺も。
有田　でも誰の口からも聞いたことないけどね、ウエダノジナンボウの夢の対決を見たいよとか。
上田　でも最後ね、ディープが勝つか、ウエダノジナンボウが勝つかみたいな、有馬は盛り上がるだろ。俺もディープをそうやすやすと勝たせるわけにはいかないでしょ。ガチだから競馬は？
有田　競馬はね。馬だからね。結果こうなっているわけじゃないですか。2位になったのか知りません、審議があったのか知りません。でも、結果2着はドリームパスポートだし、ウエダノジナンボウっていうのはどこにも入っていなかったわけですよ。結局だから、JRAもオッズまでは出したものの、レースした結果よ、「やっぱどうなんだろう、人はまずくねぇか」ってなったんでしょうよ、JRAで。
上田　いや、だから昨日、今日、ミーティングは重ねられているみたいよ。
有田　何のミーティング？
上田　人はいいのかとか。
有田　ダメでしょ。何で今頃その話？　今頃話し合っているの？
上田　でもな、馬が速いから走らせているわけでしょ。それと同レベルで走れるんだったらいいじゃねぇかっていう考え方もあるわけじゃんか。そこにサイがいようがクマがいようが、犬がいようが上田がいようが。
有田　でもオリンピックに急に馬とかが参加されても困るでしょ？
上田　それは能力がずば抜けちゃうじゃん。でも同レベルならいいじゃんかみたいな、とこあるからね。
有田　まぁ確かに馬に3000mついていったんだもんね、上田さん。ワーって言いながら。
上田　途中、俺が引っ張っている形になったけどね。
有田　まぁでもJRAも反省しているみたいよ。だって現に俺は知ってますよ、名前載ってなかったわけだから。
上田　まぁね、JRAの歴史も長いしね。だからやっぱ正直さ、俺が2着になったってことは他の何やっているんだって話になるわけじゃんか？
有田　まぁね。
上田　ドリームパスポート以下、そいつらに対して夢を抱けなくなる、競馬ファンが。
有田　まともに言ってますけどね。絵を想像してみてほしいですよね、みんなには。2着に駆け抜けたっていう、あの馬が入っていくところあるじゃないですか、スローモーション。1位入った後に上田さんが走ってたっていう。
上田　正直、勝てなかった。俺もやるだけやったよ。
有田　じゃあ有馬は期待していいんですね？
上田　まぁそうね。夢は背負おうとは思っている。
有田　わかりました。まぁね、夢のある話っていうか時間の無駄だったっていうか。

フリートーク傑作選 02

2005.11.29

後輩にナメられる有田「えへへ」と空笑いをする

有田　女性を引きつける魅力もそうでしょうけど、単純に人望とか説得力とかいうものに僕は欠けているなってつくづく思うわけですよ。

上田　何があった？

有田　まぁこの間ちょっとあったのがね、『銭形金太郎』という番組のスタッフの人と一緒にロケバスで喋ってたんですよ。「ちょっと今日、麻雀でもやりますか」っていう話になってきたんですよ。「おぉ、良いですね」ってなって。で、麻雀で大事なのはメンツなんですね。もう一人のメンバーが見つからないわけですよ。

上田　まぁまぁ、そういう時もあるわ。

有田　どうしようかって言ってたら、うちのマネージャーの若いキクチっていう奴がいるんですね。それで、「僕、麻雀できますよ」って言い出したわけですよ。

上田　おう。

有田　あ、「本当」って？　「そんな強くないんですけど、誘ってくださいよ」って。「あ、もしメンバーいなかったらね」、マネージャーを呼ぶのもあれだからってなって和気あいあいムード。そしたら、そこにスーっと銭金のスタッフがいなくなって、二人きりになったんですよ。

上田　キクチと？

有田　そうそう。で無茶振りですよ、僕の。「キクチ、大爆笑トーク頼むわ」みたいな。これも「できませんよ」みたいなキャッキャ、キャッキャトークですね。そしたら、「あるとしたらあれかなーっ」って。

上田　うん。

有田　「スタッフの女の子と飲みに行ったんですよ」って。こっちはマネージャー陣と向こうはスタッフの女の子と飲みに行ったんですって。「どのスタッフ」って聞いたら「このスタッフ」って。「あぁ可愛いスタッフじゃない」って言って。「何でそんなお前行ったんだよ、コソコソ行って」「コソコソじゃないです。ただ飲んだだけです」。それで、「そこにはさ、その番組の男のスタッフはいなかったのか？」って言ったら、「あ、誘ってないです」。「何で女だけ誘ったの？」、「あぁ、そういう悪い意味はないんですけど」。「お前それ誤解されるぞ。みんなADさんとか他のディレクターさんとかとも交換して『みんなで飲みましょう』って言っているのに、女の子だけ誘っていると」。

上田　それはやましいと思われるわな。
有田　しかも、可愛いんです、それが。「だから、やましいことやっていると思われるぞ。やってないんだろう?」って言ったら、「やってないです」って。「だったらな、それはいかんよ。筋っていうもんがあんだよ。人付き合いには」って言って。説得力あるでしょ?
上田　有田さん、正しいですよ。
有田　良いこと言っているでしょ?
上田　うん、言っている、言っている。
有田　「言っとくけど、あの番組というのはプロデューサーという人がいたり、タレントさんがいたり、いろいろな人がいて成り立っていると。その一番末端であるお前が、新人の何カ月のお前がフラッと現場に現れて、そこの可愛いスタッフ二人だけ連れて行って飲み行ったりしてたら誤解されるぞ」と。
上田　うん、それはイカん。
有田　「お前がやらしいことしようと思って呼んでいるわけじゃないのはわかっている」と。「でもお前はそういうふうに思われかねないよ。だったらさ、みんなで行こうって言って、若いADさん呼んでやればいいじゃない」って言って、「あっそうっすね。いや誤解されるとは思わなかったです」って。「俺は別に上の奴に報告しないよ。その代わり、お前はいろんな人に筋通して、人付き合い増やしていけよ」「はい、わかりました、そうっすね」って。早速メールを打ち始めて、ADさんに今度飲みに行きましょうとか。
上田　うん、うん。
有田　で、「あ、そうそう麻雀やる?」って言ったら、「いや眠いです」って。
上田　(笑)。
有田　「有田さんと話してもう眠いです。帰りたいです」。「いや、あのほら、人付き合いの筋あるって言ったじゃん。お前は女の子のほうばっかり寝ずに行くけども、俺との麻雀は行かないのかい?」って言ったら、「あぁ、ちょっともう眠い。話を聞いてたら……今も結構話あったし」ってなって……。俺はね、そいつが俺の車をバーンとぶつけても文句を言いませんでした。何も言わなかったのに、何だよ、これは?　これは何なんですか?
上田　(笑)。よっぽど眠かったんじゃないのか、もうそれは。
有田　だとしても、何時間前は行きたいって言ってたんだから。俺の話を聞いた結果、眠たくなっているってどういうこと?
上田　んー、まぁかったるかったんじゃない?　どっかで何か言ってらみたいな。
有田　そんな話じゃないでしょ。これはだって、下手したら事務所問題ですよ。『笑いの金メダル』で、ワンミニッツのコーナーにさ、ド新人の奴が出てきたとするじゃない?
上田　うん。
有田　まぁまぁ可もなく不可もなく終わって、田丸麻妃を口説いたらどうします?
上田　いや、それはまぁね。「お前何やっているんだ」ってなるね。
有田　「口説いてないですよ。ただ飯行こうって言っただけじゃないですか」って言ってるけど、「いやそうじゃない。口説いているとかじゃないかもしれないけど、誤解はするよ」って話じゃないですか。
上田　それは、何かお前、変なふうに思われてもしょうがないよってなるわね。
有田　良いことを言ってたと思ってたんですよ。
上田　でもキクチからすれば、「有田が寝言言ってら」みたいな。寝言と言えば、俺も眠くなってきたみたいなことなんじゃねぇの？

有田　何でなんですか？　僕、上田さんもご存知の大事な話がありますよね？

上田　何ですか？

有田　ある後輩が、俺のとこに珍しく来てですよ。お笑いが。「有田さん、俺もうわからないです、話の時間作ってもらえますか」ってなって、ずーっと話をして。「もうやってられないです」って、半泣きですよ、向こうは。

上田　おうおう。

有田　「ちょっともう辞めようかな」って、言ってる相手を、そこで突き放すのも簡単。で、俺は言った。「お前な、才能あるかどうかっていうのは今後のことで、何よりも続けることが大事なんだよ。お笑いというのは、続けて行けば絶対チャンスがある。辞めた瞬間に終わりなんだよ」。

上田　なるほど。

有田　「お前にいくら才能がなかろうが、センスがなかろうが、一生懸命お笑いを続けているってことが、どれだけ大切なことかわかるか？　それがみんなは、お前を応援しよう」って気になるんだよ。「あいつはおもしろくないけど、一生懸命続けてんなぁだったりとか、くだらないことやってんなぁって、これなんだよ」って言って。「はい、でももう本当に、プライベートからいろいろ変えなくちゃいけないと思って。舞台もあんまりないし、ライブでもウケないし、別に俺なんか彼女とちんたら過ごしているだけだし、毎日毎日何を変えていったらいいかわからないんですよ」って言ってきて。

上田　なるほど。

有田　「確かにお前は師匠がいるわけでもないし、友達に芸人がいるわけでもない。切磋琢磨できないな」、「でも、とにかく続けろ」と。「はい、続けます、頑張ります。でも、どうやればいいかわからないです」。

上田　うん。

有田　「よし、わかった。俺も正直、弟子とか取るつもり全くないけども、お前の熱い気持ち、お笑いにかける熱い気持ち、俺にちょっと下駄預けてみろ。な？　俺正直、お前の面倒見るなんて大変でめんどくさいよ。だけど、俺に預けてみろ。俺が絶対一人前にしてやるよ」って言ったら「あ、いいです」って。

上田　（笑）。

有田　「え？」って。もうこうなった時に何も言えなくなるよ。それも「おい、俺に預けろ」ってこういうテンションで言ってるの。その後が「え？」って言っちゃってますからね。

上田　（笑）。

有田　あーいう時のタイミングは、僕早いですよ。「え？」って（笑）。で、「何で？」って聞いたら、その時にまた屈辱的な「有田さんの気持ちはありがたいですけど、どうせ預けるんだったら、上田さんに預けたい」って。

上田　（笑）。

有田　もう魚ですぅー。それでも僕は食い下がって、「わかった、わかった」って言って。

上田　何で食い下がってんだよ（笑）。振られてんのに。

有田　「いや、違う、違う。そういうことじゃないよ。俺の弟子になれとか現場につけってことじゃない。俺にお前の辞める、辞めないとかそういうことを事務所に相談するとかなんとかの前にね、俺に1回預けてくれ。わかっただろ？」って言ったら、「いや、いいです」と。

上田　（笑）。

有田　もう、ずーっと1点張りです。

上田　でもさ、周りに対してウケようと思っている空気じゃないわけじゃん。

有田　ないですね。二人っきりですから。

上田　その状況でこんなに良い話されているのに「結構です」と言うのは、よっぽど勇気のいることじゃん。

有田　だから、そういう意味では凄いよ、あいつは。後輩ですけどね。

上田　それ、なかなか言えないよね。あいつは相当勇気があるというか、ここだけは譲れないっていうポリシーがあるのか。はたまた、「あー有田が寝言言ってら」って思ってたのか。

有田　まぁ、その2つの例だけで僕を決めつけるのはいけない。それはだって僕だって、信頼を他の人にされているかもしれない。前にはこういうこともあったんですよ、上田さんの考えも変わるかもしれない。

上田　わかった、わかった、見直すね。

有田　僕、基本的に後輩に、話っていうか説教っていったら大げさですけど、「こういうことじゃないか」って言うことがあります。ただ僕はどなり散らしたりとか、人をぶん殴ったりとかは一切しないんです。

上田　うん。

有田　ある時、ある後輩が現場に僕の車を運転してくれました。で、助手席で「今日の仕事は」って語っていました。で、何か返事がないんですね。パッとみたらコクッコクッとしているんですよ。

上田　運転しているのに？

有田　運転しているのに。横に日本の宝が乗っているのにも関わらず。

上田　あれ誰か乗ってたっけ？　俺、誰が乗ってたか聞いてないけど。

有田　ここだから。

上田　あーお前か。やっこさんか。

有田　にも関わらず、コックリコックリいっているから、「危ない、危ない。お前、危ないぞ」って言って。「あ、すみません、すみません」と。「いくらね、眠いかもしれないけど、もう少しで家だから、寝るのはヤバい」って言って。

上田　そりゃいかん。

有田　「お前それ、どっか事故ってこっちが怪我するしないは別に置いておいて、人をはねたりしてみろよ、お前。大変だぞ」、「はい」ってなって。「うわー危ねぇ危ねぇ」って言って。

上田　うん。

有田　で、また、チラって見たらコックリコックリと。だから「おいっ、おいっ！危ない」って言って、ちょっと驚かせて。「はぁはぁ、またちょっとなってました」ってそいつが言って。「いや、もうヤバいって本当に。もうちょっと我慢しろ、わかった？」「はい」ってなって。で喋って、しばらくしたら、また返事が返ってこない。

上田　うーん。

有田　もうヤバいんですよ。スピードも結構出てたんですよ。だから、これはもうマズイなって思って、殴るという意味ではなくて、起こすためのビンタをしたんです。

上田　それぐらいはな。

有田　助手席だから正面じゃないからバチンとはいかないですよ。横からこうパーンっていったんです。パーンっていったら、「あぁ、危ない」って目が覚めて。「大丈夫か？目覚めた？」、「あ、はい」ってなって、で何とか家に着きました。良かった、眠らずに済んだよと思ったら、そいつがじゃあ鍵を置いて帰りますってところを急に、「有田さん、ちょっと話あるんですけど、いいですか?」って。
上田 うん。
有田 「ん? なになに? 何か相談でもあるの?」って言ったら、向こうが接近してきてプライドの試合前みたいに。
上田 なるほど。もう顔、至近距離だ。
有田 シウバみたいな感じで近づいてきて、「さっき、俺、寝たじゃないですか」、「あーあれ危ないぞ」って言って。「怒られるのはいいんですよ、あんな怒り方ないっしょ! 叩く必要ないっしょ!」。「え?」って、もうその時も出ました。
上田 ダメだ。完全に呑まれている(笑)。
有田 「俺だって人間ですよ。眠たい時ありますよ。その時に起こされるのはしょうがないと思いますよ。でも、あんなに叩かれる必要ないじゃないですか」、「いや、叩いたっていうか、……えへへへ」って空笑いが出てきて。
上田 (笑)。
有田 「うん、叩いたわけじゃない。起こす意味でやったんだけど……」って言ったら、「口で言えばいいじゃないですか」ってなって。「ああ、そうかそうか、へへへ、えへへへ」って、空笑いが出て、「あは、そうか、へっへ」って。
上田 (笑)。
有田 結果、僕が謝っている。「確かに寝たのはお前が悪かったけど、俺もやり方違ったかな。危ねぇもんな。叩いて、逆に顔が向こうにいっちゃった場合に、逆に運転危ないもんな」。
上田 いいよ! 最大限理解しようとしなくていいよ!
有田 (笑)。こういうこともあったことをお忘れなく。
上田 (笑)。さらに追い打ちだよ。
有田 あと、ご存知、不義理を働いてしまった後輩がいましてね。今日来るって言っていたにも関わらず、来ない奴がいて、そいつが何していたかっていうと彼女とイチャイチャしてたわけですよ。だから「約束を破るのはおかしいぞ。お前、今日みんな集まったから、ちょっとでも顔出せよ」って言ったら、「いや、ちょっと彼女が」みたいな感じになるから、さすがに怒って、「お前いいかげんにしろ」と。
上田 おぉ。
有田 「それが筋だろ。他の先輩たちもいっぱいいるんだぞ」ってちょっと俺も怒ったんですよ。そしたら、「あぁ、はい。わかりました」って言って来たんですよ。したら、まぁ、僕の目の前に来るなり、急に土下座してきまして、全員を目の前にして、「すみませんでした!今日は」と。
上田 お、謝っているじゃん。
有田 僕らはみんな許しているわけですよ、来たところでいいわけですから。「いい、いい。そんな謝らせようと思って呼んでるわけじゃないから、みんなで今日忘年会やるから、そんなんで空気悪くすんなよ」って言ったら、ワーッと泣き始めて。「そうだったんですか、すみませんでした。今緊張がすごい解けました。俺、絶対殴られると思ったから、こんな黙って許してくれるなんて本当にありがとうございます」って言ってワーッと泣いているんですよ。
上田 ちょこちょこ泣いている奴いるな。熱闘甲子園か、お前の周りは。
有田 だから嬉しいなって思って、「いいよ、いいよ。別に優しく言っているわけじゃなくて、俺らの間柄で土下座もクソもいらねぇ、そんなのバカバカしい」って言ったら、謝っている時に、ポロってて後ろのポケットから落ちたのがメリケンサックです。

上田　（笑）。反撃体勢万全じゃねぇか。

有田　「えぇ！　お前何それ？」って言ったら、「いや、殴られると思ったから、その時はこれでボコボコにしようって思って」。「えー、えー」ってなって。

上田　イッちゃおうって思ったんだ。

有田　「えぇ！」って。他に先輩もいて、山崎とかもいたんですけど、「お前そんなんでぶん殴ったら頭蓋骨折れるよ」と。

上田　まぁまぁ骨折するわな。要は拳の周りに鉄を巻いてね。

有田　武器ですよ。何でそんなの持っているかもわからないけど。で、「誰を殴るんだよ」って聞いたら、「いやまずは有田さんから。有田さんを一発血だらけにしたら、もう絶対、みんなも何も言えなくなるから。……すみませんでした、今日は」って言って。それを聞いて、「いや、えへへへへ」と。

上田　出た。伝家の宝刀、空笑い！

有田　「いや、それ使わなくて良かったじゃん。あははは」と。

上田　どんなごまかし方だよ、いつもお前は。

有田　だから、こういう事件もあったことをお忘れなく。

上田　ごめん、ごめん。俺、勘違いしてたわ。2つぐらいでお前を判断したらいかんかったね。3つ4つ5つとあるぞと。

有田　その時の話はまだ若手の頃だったりして、今は中堅ですよ。もう、言ってくる奴がいないかなと思った途端の、この間のキクチですから。

上田　まだ引き続きやっているぞと。

有田　まだまだ先は長いですよ。好評により追加公演バンバンやっているから。

上田　ロングランだな。キャッツを抜くな、お前は。このロングラン振りは！

有田　いやーないでしょ、上田さん。後輩からナメられたみたいな。おそらく上田さん見ててないと思うんですよ。

上田　あんまり記憶にないけど。

有田　それを言っちゃいけないよ、みたいなことを向こうが言う。こうやって話を聞いたら、その後輩ダメだなとか思うじゃないですか。頭に来るかもしれない、上田さんは筋とかうるさいから。でも現場にいたら意外と何も言えないのよ。

上田　（笑）。呆気にとられるのかね。

有田　空笑い出るんだよ。本当一度それあったらわかってくれると思うんだけどね。やっぱそのガキの頃番長だった、鍛えた凄みみたいなのが備わっているんだろうね、威圧感とかさ。こういう人に筋の間違ったこと言ったら別にしないけど、何されるかわからないみたいな。

上田　いや自分では一切そういう空気を出してる気はしないんだよ。

有田　俺と上田さんが、何が違うかって言ってルーツしかないんですよ。僕は喧嘩番長じゃなかった、上田さんは喧嘩番長だったっていう腹の座り方だと思うんだよね。

上田　いや、俺、その後だと思うわ。俺、後輩にそんなことをされたら手を出す可能性もあるわ、悪いけど。

有田　あまりにも筋が違ってたらね。

上田　殴る可能性はある。殴るか空笑いかの違いじゃないか。

有田　まぁ、上田さんは殴るという瓦割りのほうだよね。俺は空笑いのほうだよね。そのボキャブラの差か。そうか、俺も瓦割りのほうを勉強してくれば良かったか。

上田　空笑いのほうを勉強しちゃったか。

有田　空笑いは何の役にも立たないんだよ。

フリートーク傑作選

03

2008.11.18

ババア、エジプトのロケでも「飛ばしてはくれてんのねぇ」

有田　ピラミッドの話をしましょうか？　現地に行かなきゃわからない新事実を。

上田　それいこう。

有田　これはね、もうバカじゃないのと思いますけど、例えば普通のクフ王のピラミッドとか1番でっかいやつ、大抵どれも作るのに約20年かかるんです。

上田　らしいね。

有田　20年かかって各辺が220m？

上田　100何十m。高さが200いくら。

有田　もうそんくらいの、でっかいものを作る。で、下手すれば、クフ王のピラミッドなんて、1つの石が僕らよりも背が高いくらいの大きさなんですよ。

上田　そうだね、うん。

有田　それを、昔の人たちはとにかく自分らで運んで、組んでるわけ。

上田　そうね。

有田　20年かけてよ。海から持ってきて、石を切って、すげえなぁと思うよ。で、そのね、なんだっけなあ？

上田　いろんなピラミッドがあるんだよね、その時代によってね。

有田　ええ。

上田　いわゆる、みんながたぶんイメージするのは、クフ王とかのピラミッドだろうけども、その前段階に、だんだんになった階段ピラミッドとか。

有田　そう、そう。

上田　うん、崩れピラミッドとか。いろいろあるんだよ、赤のピラミッドとかね。

有田　そう、そう。で、階段ピラミッドは最古のピラミッドだっけな？

上田　そうそうそう。

有田　だから原型ですよ。石とかもう結構小っちゃめなんですよ。「これ、何年で作られたんですか？」って聞いたら、「20年で作られた」って。「はぁー！　20年かけてるんですか」って。そしたら、それがちょっと一番古いから、改装をしてるんですよ。

上田　うん、うん。

有田　補修工事をちょっとしてるんですね。要は足場を作って、木で。ちょっと直そうとしているわけですよ。で、「へぇ、やっぱりそうやってメンテナンスをしていかなきゃいけないんですね」と。で、「その補修工事、どんくらいかかってるんですか？」って言ったら、「70年」だって。「えぇー！　20年かけたのに、70年補修し

上田　てるんですか！」って。

有田　らしいな。

上田　だから、ちょっと待てと。吉村先生も、「作るのは簡単だ」と。ポンポンポンポンってやったから。でも「補修は1個なんかをポンッと抜いたりすると、グチャグチャってなる可能性があるから、ちょっと、ゆっくりしなきゃいけないんだよ」って言うから、「あ、そうなんだ」って言って。僕ちょっと合間にね、聞いてみたんですよ。エジプトの現地の人に「70年かけてやってる今、何をやってるんですか？」と言ったら、向こうはもちろん現地の言葉ですけど、「足場を直してる」って言われて。

有田　（笑）。取りかかってねぇのかよ！

上田　木で足場を作るでしょ？　よく建物を作る時に。あれの足のところがちょっと崩れてきたから、そこを今、修理するのに一生懸命、何年もかかっている。

有田　ダメだこりゃ！　もうピラミッドは修復できねぇよ！　足場を直すのに必死だったら。

上田　あれはね、上田さんも目で見たうんちくだと思いますよ。

有田　まぁな。

上田　20年のピラミッドに70年かけてるんですから、あれはすごいなぁと思いましたね。

有田　だったら「もう1個作れや」って思うよな。まぁ今の技術だったら20年かかんねぇはずだからさ。ただ、働く意思があるかどうかかね、あとは。

上田　そうなんですよね。なんかエジプトの人っていうのは、本当にあんまり働いてないみたいな。街を歩いてたらね？

有田　だっていい大人が昼間からずっと座ってるもんな、いろんな所でたむろって。

上田　うん。で、ナイル川はね、聖なる川みたいなイメージだと勝手に思ってるじゃないですか、文明の発祥って。でも、まぁもう生ゴミ、粗大ゴミをバンバン捨てて。

有田　多いね。

上田　「あんなとこに住んでて、大丈夫なんですか？」って言ったら、「気にならない」って言うんですよね、エジプトの方ってね。

有田　うん。

上田　でもやっぱり考古学者・吉村作治先生は、ピラミッドの問題点みたいなのを結構語っててね。

有田　おー、教えてくれよ。

上田　うん。「前は日本の人が、いっぱいスポンサーがいて、発掘もしやすかったけど、最近、せこくなった」って言って。「金をくんねぇから嫌だ」って言って怒ってましたね。

有田　まぁ、大変らしいよ、やっぱり。

上田　不景気だからね。

有田　やっぱりロマンに金を出してる場合じゃねぇんだよっていう企業も多いだろうしね。

上田　僕が一番話してびっくりしたのは、あれですよ。ツタンカーメンの話。

有田　何？

上田　ツタンカーメン王っていうのがいて、正直、そんなメジャーな王様ではなかったんですよね。

有田　そうねぇ。

上田　ただほら、ツタンカーメンのあの仮面があるでしょ？　金の、よく教科書とかに載ってる。あれが有名になったから、一気にウワーっと有名になったんですけど、あれも20世紀くらいに発見されてるんですよ。

有田　そうね。

Free talk editor's choice 03

有田　要は、４０００年くらい前の話が、ほんの１００年以内で。

上田　80年くらい前だよ。

有田　だから急に有名になったんですけど、それをどうやって発見したかと。それは、ある学者さんが、いろいろ探したんだけど、「絶対にあるはずだ、他に王様の宝物が」って。でもいろいろ探すけど、ないんです。そのなかで、ただ一個だけ、遺跡があったんですよ。でも、もう遺跡だから、みんなイジっちゃダメなんですよ。

上田　まぁね。それだけでも価値のあるものだからね。

有田　そうそう。こっちでいえば、金閣寺があると。で、金閣寺があるから、ここはもう、どっかに移動するわけにはいかないけど、この下が怪しい。だから、「いやいや、お前、遺跡の下を掘ったらどうするんだ。金閣寺はどうするんだよ」みたいなもんで。「いや、でも、行かしてくれ」と。もうイチかバチか掘ったら出てきた。

上田　出てきたから、英雄になったんだな。

有田　なかったら、もうふざけんなってなるでしょ？

上田　「お前、遺跡に、何してくれたんだ！」っていう。

有田　もう5代先くらいまで不幸になるよね。

上田　うん。でも偶然出て。あれも確かね、いわゆるスポンサーがもちろんいるんだけど、「もう金を出せない」と。「お前、何年、『出す、出す』って言って出してねぇんだ」ってなって。ハワード・カーターっていう奴が探したのかな、ツタンカーメンは。「お前に出す金はねぇ」ってスポンサーが言ってたのを、「いやあ、ちょっともう、ラストチャンス、ラストチャンス」って言って、お金を出してもらって、それも、「遺跡を掘らしてくれ」って言って、見つけたんだよな。

有田　そう、ぶっ壊すわけだから、遺跡を。

上田　思い切ったことをやったわな。だから海老で鯛を釣る的な考え方なのかもしんないけどね。

有田　そういうことだよね。だから吉村先生とかは、正直それを狙ってる節があるじゃないですか。今はもうあるお墓とか、そういうのの下に本当に埋まってるから、ここを本当は掘りたいとか。あとピラミッドのなかでも、もっと掘りたいんだよね？

上田　そうだね。ある程度、もう目星はついているらしいんだよね、吉村先生曰くね。

有田　でもやっぱりそれはもう遺跡だから、あんまり傷つけるな、っていうことで。

上田　許可が下りないらしいんだよね。あとは金の問題もあるしな。発掘するための費用が足りねぇとかね。

有田　生々しい話、1億円を誰かがスポンサーで出してくれたって、もうあっという間になくなるって言ってたもんね。

上田　うん、らしいよ。もう1億なんてあっという間。本当に何十人、メシを食わしてたら、すぐに終わっちゃうもんね。あと、ちょっと機械を導入して、どうのこうのやってたらね。

有田　でも、まぁいろいろ良い経験をさせてもらいましたけども、何でこれが決まったかっていったら、まぁ、正直ババアだろうと。

上田　うん。

有田　ババアがこの年末の押し迫ったな

か、どうしてもエジプトにあいつは行きたかった、タダで。だから、ちょっともう普通だったら絶対に空けないスケジュールを、「何とかします！」って入れたと。でも、結果行ってみたら、僕らもすごい勉強になったし。

上田 まーね。

有田 良かったなぁ、と思ったんですよ。で、当のババアもね、いい歳こいてますけど、何か発見とかがあったら良いなぁと思ってたんですよ。というのは僕らは、クフ王のピラミッド、一番でかいピラミッドを見に行く時、別車に乗ってたでしょ？

上田 ババアとね。

有田 だから、僕らは、「うわぁ！」と言って。ほら、急に街中にピラミッドがグオーン！と出てくるんですよ。

上田 出てくるね。ビル街からね。

有田 ビルがいっぱい並んでる奥に、ピラミッドがバーン！って出てくるから、「うわぁ！」ってなったんですよね。

上田 あそこが一番びっくりするんだよね。

有田 だから、あれがやっぱり、すごくクライマックスみたいなところもあるから、その時にババアどうだったかな？というのを、私は取材させてもらいました。

上田 聞いたの？ 誰に取材したんだよ。

有田 向こうのバスに乗ってたスタッフの人に。

上田 おー。

有田 「いやぁ今回やっぱ、大橋マネージャーは、テンション高いですね」みたいなことを言ってたんで、そりゃあ、そうでしょうと。「あんなピラミッドを見たら、そんな関係ないみたいな顔をしてるババアだって、そりゃあテンション上がるでしょう。観光気分で来てんですから」みたいに言ったら、最初に出てきた時、やっぱりそこにいるスタッフのなかで、見てない人もいるんですって。だから、やっぱりそっちの後続車も、「うわぁ」ってなったんですって。

上田 なるほど。

有田 そしたらババアも、「あぁ!!」ってなったんだって。なんつったかって言ったら「あぁ!!携帯が3本立った!!」って言ったんですって、ちょうどね。

上田 相変わらず飛ばしてはくれてんのねぇ。

有田 そこの道中、ちょっと圏外くさかったらしいんですよ。そこで急に3本立ったから、「あぁ！」って言って、そのピラミッドが見える瞬間は見てなかったんだって。

上田 電波からなにから飛ばしてはくれてんのねぇ、ババアは。

有田 っていう報告は受けましたね。

上田 (笑)。いいです。そんな「受けましたね」なんていう感想は要らないです、そんな締めは。

有田 あとは何かありました？ エジプトでのババア事件は？

上田 エジプト・ババア？ あんま注目しなかったんだよなぁ、エジプト・ババアは。でもここぞとばかりに、あのツタンカーメンをさ、見に行ったじゃんか。でも、何て言うの？ いわゆる普通のお客さんは、夜6時くらいで、もう「閉館です」みたいになるけども。

有田 出てけってね。

上田 いわゆるちょっと、貸し切りみたいな状態に。

有田 させてくれたよね。

上田 テレビの取材ってことでね。で、照明さんとかのいろいろスタンバイが大変じゃんか。ツタンカーメンをきれいに映すためにでさ。で、1、2時間、他の結構真っ暗な部屋とかもあるわけよ。
有田 はい。
上田 要は、博物館としては、「いやいや、ツタンカーメンの部屋を取材に来てんだから、ツタンカーメンのとこの照明はつけとくけど、他のとこは必要ねぇだろ」みたいな感じで、ちょっと薄暗かったりもするんだけど。まぁババアは、ここぞとばかりに、全部の部屋を見て回ってたね。
有田 勝手にね。
上田 「だってタダなんでしょ。どこ見ても」みたいな感じでさ。
有田 飛ばしてるね。あと、上田さん、気づいてなかったかなぁ。1回ロケが午前中にちょっとあって、「ちょっと、食事休憩を取ります」って言って。吉村作治先生と優木まおみと僕らとで、メシを食ってたじゃないですか。
上田 はい、はい。
有田 で、直後にまたロケがあるんですよ。正直、向こうはちょっと暑いんで、でも、まぁ合間だからってことで、ちょっとビールは僕は控えて、お茶を飲んでたんですけど、チラッと遠くを見たら、ババアの前にはビールの瓶が……。
上田 あった?
有田 ありました。
上田 ババア飲んでた?
有田 はい。
上田 あの時?
有田 2~3瓶ありましたけどね。
上田 マジで? ほろ酔い気分じゃんか、もう。いや、ちょこちょこ姿が見えない時はあったよ。あ、絶対に観光に行ってんなみたいな瞬間は。たぶんスフィンクスのあたりだとか。
有田 おかしいよね。クフ王のあのピラミッドの時もね。
上田 うん。
有田 「あれ? ババア、荷物を預けてんだけど。どこ行った」って?
上田 「はい、一旦止めまーす」の時に、「おい、ちょっとババア……あれ? ババアいねぇなぁ」みたいな。
有田 あれ? どこにいるの?と思ったら、遠くでなんか、ラクダと戯れてるとかさ。
上田 うん、そういうのあったなぁ。あれ完全に観光の時間帯だっただろうなぁ、ババアは。
有田 何なんだろうね。
上田 あとなぁ、ピラミッド。だからロケの3日目かな、赤のピラミッドっていうのがあって。
有田 あー、俺が一番好きなやつですね。
上田 その近くに、屈折ピラミッドがあったじゃんか。で、赤のピラミッドの取材が終わって、屈折ピラミッドに行ったわけよ。
有田 はい。
上田 で、あの、「じゃあ、ちょっと一旦ここで1時間くらい休憩になります」って言っててさ。スタッフが「あの、くりぃむしちゅーさん、優木さん、お手洗いとか、もしね、行きたいんだったら、今のうちにちょっと」と。もうトイレが遠いと。「車で何十分かかるようなところにしかないんで。今のうちに行っていただければ、スタンバイの間に間に合うかもしれませんけども」とかって言っててさ。
有田 まぁね。
上田 ま、俺は別にいいや。1時間半くらいたぶんトイレ我慢できるから。ロケが終わった後に、もうホテルに帰ってからでいいやくらいの感じに思ってたわけ。で、優木まおみちゃんとかも、「あ、いや、大丈夫だと思います」みたいな感じで。
有田　差し迫ってるわけじゃないと。
上田　そしたらさ、ババアがそれを聞いて、「ねぇんだ」みたいな感じでさ。で、別に「あ、ちょっとトイレに行きたいんですけど」って言うわけでもなく、なぜか日傘を差して、バスを降りていったのね。周りは砂漠よ。正直、その赤のピラミッドと屈折ピラミッドの周りはもう完全に砂漠。もう見渡す限り地平線みたいな感じよ。
有田　はい。
上田　で、ババアがトコトコとね、日傘を差して、「いや、ちょっと散歩に行ってきます」みたいな感じでさ。
有田　昼飯でみんな弁当を食ってんのに。
上田　うん。で、行ったわけよ。ババア何しに行ったのかな?と思ってさ。砂漠っていってもさ、ちょっと高低差あったりするからさ。
有田　ちょっとくぼみがあったりするね。
上田　そのくぼみあたりで、「ババアどこまで行くのかな?」と思ったら、姿が消えたのよ。「あれ?　あれ?　ババアどうした?」と思ったら。5分後くらいかな?またくぼみから出てきたのね。

有田　何かちょっと達成感のある顔でね。
上田　おそらくババア、やっとるな!あそこで。
有田　いや、100%ですよ。100%!
上田　(笑)。確実だよな!
有田　しかも、なんか、かっこつけてたんだよね。メシ食おうって言った時に、スタッフが「大丈夫ですか?」って言って、ババアも「みんな大丈夫?」とか言って。「いや、いいよ、別に」とか言ったら、「大丈夫」って言ったんだよ、あいつも。で、ジュースとかパンとかを食い始めたのよ。そしたらなおさらこう、入れてるもんだから、やっぱりもうそのピストン?
上田　そうだなぁ。押し出されるわなぁ。
有田　ところてん方式でさ、押し出されるから。終わったら日傘を差して、外に(笑)。
上田　(笑)。
有田　それを言うんだったら、もう、俺もあんまり言いたかなかったけど。俺、部屋にいたらほら、衣装が毎日ちょっとずつ違うから、「明日の衣装を用意するわ」みたいな感じで、ババアが部屋にコンコンって来るわけよ。
上田　うん。

有田　で「はい」ってこうやって開けたら、ババアだから。「衣装、明日の」とか言うから。「いや、いいよ。じゃあ、俺やるわ」って言ったら、「え、でも、今日汚れたでしょう?」とか言うわけ。「いや、まぁでも、大丈夫、大丈夫」って言って、「え、スニーカーは埃だらけになっているだろうから、もう一個のスニーカーに……」。「いや、でも大丈夫、大丈夫。本当にいいから」って言って。「あぁ本当?じゃあビールとかは?　もし、お菓子とかあれだったら買うけど」とか言うから、「いや、もういい、いい」。俺は本当に寝たかったのよ、早く。だから「いい、いい。じゃあ、もういい、いいからもう」って言って、ちょっともういいから、みたいな感じになったわけよ、早く追い返そうじゃないけど。
上田　邪険にね。
有田　「大丈夫?　本当に?」とか言って。「大丈夫。だから大丈夫だって」「あ、本当、うん。じゃあトイレ貸してくれる?」って。
上田　(笑)。
有田　トイレ入って、まぁ10分くらいで、戻ってきて、「じゃあ。そんなことだったら、私、帰るわ」って。

上田　何で自分の部屋でやんねぇんだよ！

有田　おそらくだけど、エレベーターを登ってきて、棟が違うから自分の部屋までは間に合わないと。だから、もう俺の部屋で何とかしようと。で、もう確信犯だったんだろうね、用を足そうと、「もう、とにかく入れてくれ、入れてくれ」っていう。

上田　なるほどね、うん、そっか。

有田　だから、もう日傘を差した感覚よ。

上田　だから、「スニーカー汚れてるでしょ。ちょっと拭くから、洗面所を貸して」みたいな言い訳を、作ろうとしたのかな。そしたら「スニーカー、いや大丈夫」って言うから、もう、しょうがねぇと。

有田　ストレートにいこうと。

上田　とにかく、クソさせんかい？ってことになったのかな？　最終的な決着としては。

有田　うわぁ、気分悪いのを思い出したわ。

上田　（笑）。どうなの？　そういう意味ではやっぱりババアは、エジプトではあんまり便秘気味じゃなかったってことなのかね？

有田　まぁ調子は良かったんじゃない？　そういう意味では（笑）。

上田　そういう意味ではね。……知るか！　どうでもええわ。調子が良かろうが、便秘だろうが。お前は専属医か、あいつの。

有田　どうでもいいわ。マネジャーのお通じがどうとか。

上田　（笑）。本当にどうでもええ。

有田　そんなオープニングトークの締めで、「調子は良かったんじゃない？」って。

上田　そんな締めがあるか？　ダメだな。

有田　……まぁね。一度ぜひ行っていただきたいですよね。

上田　だからちょっとぜひね、観てもらって。結構本当にがっつり真面目な、勉強になる番組だよね。

有田　確かに。本当に答えが出てないもんっていうのは、ちょっとハマるかもしんない。

上田　うん。でも吉村作治さん、あの人はほら、何とか謎を解明しようとしてやってるわけじゃんか、四十何年も。

有田　ピラミッドってのはみんなが「墓だ」と。王の墓ってみんな、ほとんどの人が思ってるけど、「どこがだよ！」っていう説を言ってるわけ。

上田　そうなんだよね。

有田　吉村先生は「墓じゃない」っていう。でもほぼ世界中がそういう論理になってきてるんだよね。

上田　今はね。いや、すごいですねって、四十何年間、勉強されてて。「でもこのピラミッドとか、それ以外の謎って俺たちが生きてる間に、解けたりするんですかね？」って言ったら、俺はてっきり、「いやいやいや、私が何とか解き明かしますよ」って言うのかと思ったら、「あぁ、無理だね。解けない、解けない」って言ってさ。だから、よくそんなもう無理ってわかってんのに命懸けられるなと思って、情熱をさ。

有田　すごいね。

上田　うん。「無理、無理。もう昔のことだから、もうわかんねぇ。ただ何とかね、それに一歩でも近づくように、みたいな感じで、我々は頑張ってるよ」とは、おっしゃってたけども。

有田　やっぱり、見たいもんね、普通は結果をね。

上田　うん。でも、相当やっぱりかかるんじゃない？　発掘するのもまだ数百年かかったりするんだろうな。もっとかかるのかな？　下手すりゃね。

有田　いや、だってまだ、いわゆるクフ王の墓だなんて言っているくせに、そのクフ王のミイラが出てきてないという。それはどっかにあるんだっていうね。

上田　吉村先生曰く、あの辺って言って。

有田　あの近辺にあるんじゃねぇか、っていう予想だけども。みんなが推測して、あーだ、こーだ、あーだ、こーだって言って。

で、ウエンツも来たんですけど、ウエンツが「墓だ」って言ったら、「いやいやいや」って吉村先生が、本番中ですけども、「いや、墓じゃない」って言うね。「なぜなら、墓だったら、なぜミイラがなかにないんだ？って話じゃないですか」みたいなことを、結構ちゃんとやさしく、初心者向けに説明するんですけど、まぁウエンツもちょっと茶目っ気を出して、「んー、まぁでも、やっぱ墓だと思いますね。これは墓にしか見えないですね」とか言ったら、吉村先生マジ切れっていうね。

上田　（笑）。

有田　「君みたいな無知な人が言うんじゃないよ!!」って。ウエンツもふざけてたのに（笑）。

上田　1個訂正部分があるとしたら、その、ウエンツが茶目っ気を出して、「いや、墓ですよ」って言ってたっていうのは、ちょっと嘘で……。

有田　あれ？　うん？

上田　有田が「ウエンツ、でも墓なんだろう？」って言って、振ってたよ。お前だよ、お前のせいで、ウエンツはいわゆるバラエティ好きだから、「あ、有田さんが振ってるってことは、こっちがいいんだなぁ」と思って。ガンガンそっちのほうでボケてたら、マジ切れされたっていうね。で、俺たちはウエンツよりも4日、5日は前に行ってて、ウエンツが来たのは、俺たちの最終日だった。

有田　だから、もう俺らはすぐに帰るんだよね。

上田　俺たちはウエンツと合流して、しばらくのロケが終わったら「じゃあ、俺らは空港に行くわ」みたいなので、ウエンツはその後3日間くらい、吉村先生と二人っきりのロケがあるっていう。

有田　（笑）。

上田　本気で「ちょっと、マジで帰らないでください」みたいな。「吉村さんと二人でどうするんですか」って本気で言ってたからな、帰る間際まで。

有田　ピリピリした空気のなかでね。

上田　お前だよ、ピリつかせたの。

有田　だから何かわからないけど、吉村先生に「ウエンツをよろしくお願いします」って。

上田　（笑）。

有田　「あいつも真面目に墓だって説を唱えている奴なんで。本もいっぱい読んでいるんです」って言って。

上田　「いやいや。本当にねぇ、あの子には知識もなければ、判断力も何もないんだよ」って吉村さん言ってたからね。

有田　（笑）。

上田　「ダメだ、あいつは」ってキレてたなぁ。お前のせいで、たぶんウエンツは地獄の3日間過ごしたと思うよ。

有田　悪魔って言ってたもんな、ウエンツは俺らを。

上田　（笑）。

有田　まぁ、でもどうなんですかね、ババアはエジプトロケは。

上田　お通じは調子良かったんじゃない？（笑）。

フリートーク傑作選 04

2008.03.25

有田、ワイハの思い出を語る 真剣にお笑いに取り組む!?

有田　いやー、まいったね。
上田　おーしみじみと。まいった？
有田　まいった。
上田　おう、どうした？
有田　いやー、まいったなぁ。昨日なら な、まいってなかったのに。
上田　え？　嘘でしょ？　毎週火曜日の この時間だけまいっているとか、ありえないでしょ。もう、わざとなんだもん。まいってないんだもん、本当は。
有田　いやー、もうほら。上田さんも含めて、リスナーの皆さんもご覧いただければわかりますけども、日焼けをしているという……。
上田　ご覧いただけないからね、リスナーは。ホームページ載せるんだったら別だけど。
有田　これはラジオをやるにあたって、やっぱり一番、鉄板のギャグですから。いやぁ、もうこれは言わせてください、このギャグは。「見えないよ」っていう。一番やりたかったんですよ。
上田　あぁそうなの？　まぁ、じゃあ、しょうがない。お前がやりてぇっていうことは、やらせてやりてぇからさ、なるべく。
有田　（笑）。日焼けが黒いというか赤くなっていましてね、もうやけど状態ですよね。
上田　お前は、相当日焼けしているね。
有田　ほとんどのリスナーの方がわかっているか、見かけたと思うんですけどもね。
上田　え？　誰を？
有田　僕のことを見かけたと思うんですけども。
上田　お前、そんなにいろんなところを闊歩してんの？
有田　いやー、あの、ワイハです。
上田　え？
有田　ほとんどのリスナーが多分かぶってたと思うんですけども、同じ時期にワイハに行ってたと思うんで。
上田　そんなことはないと思うよ。
有田　上田さん、言わせてください、このギャグは。
上田　いや、それさ、さっきのはまだ定番ギャグだけど、今のは定番でもなんでもねぇし。
有田　チャレンジです。やらせてください、今のは。

上田　いやいや。別に、やりたいことはやればいいけれども。それをいちいち振り返る必要もないよ、これは言わせてくださいとか。
有田　いや、邪魔をされるから、やらせていただきたいんですよ、それは。ハワイにリスナーが全員いたっていうギャグを。
上田　そんなことはないと思うけどね。絶対にありえないよ。
有田　まぁ、ワイハのほうにね、行かせていただいたんです。
上田　まぁハワイって言えばいいと思うけど。
有田　ちょっと番組で行かせていただいたんです。仕事ですよ、プライベートじゃないですけど。
上田　番組って聞いたからね、さっき。仕事だろうね。
有田　いやいや、上田さんみたいに、かこつけてみたいな方もいらっしゃるんで。番組の金で正月旅行を賄おうとか。
上田　違うわ。そんなことしてるか。本当に仕事で行ったんだよ、俺も。
有田　そういうことをする人いるじゃないですか？

上田　いねぇよ、そんな奴。
有田　僕はでも、そんなワイハ好きとかではないですから。
上田　もうワイハと言ってる時点で、好きだと思うよ。ハワイがそんなに好きじゃない奴は、ハワイって言うよ。ワイハと言ってる奴は大好きなんだよ。
有田　言わせてください、僕も頑張って業界に入ったんですよ。
上田　だから、業界人全員ワイハって言ってるかっていうと、ほとんどいないからね。ある制作会社の社長くらいしか言っていないっつうの。ハワイのことをワイハなんて。
有田　（笑）。制作会社の社長と、それにまとわりついているコーディネーターくらいでしょ？
上田　その二人くらいしかワイハって言ってねぇからな。
有田　本当、すごい天気でね。行ったじゃないですか、正月に僕、メキシコのカンクンのところに。これはプライベートですけども、で、３日間雨だったんですけど。今回は見事にね、ピーカン。
上田　うん、まぁ古いね。
有田　（笑）。いや、言わせてくださいよ、これは。何なんですか！　ピーカンは別にいいでしょう？
上田　古いからさぁ。
有田　ピーカンでいいじゃないですか。
上田　（笑）。今はあんまりピーカンって言わねぇもん。団塊の世代くらいじゃねぇか？　もうピーカンなんか言うのは。
有田　だとしても、言わなくていいじゃない、もう古いとか。気持ち良く喋っているんですから、僕は。
上田　わかった。大人しく聞くよ。すげぇ良かったのね、天気が。それは良かったじゃんか。
有田　で、日焼けして。まぁちょっとやり過ぎちゃったんですよ、寝て。
上田　海で？
有田　はい。あのラグーンっていうんですか？
上田　うん、うん。
有田　あそこで寝てて、サンオイルを塗ってね、日焼けするじゃないですか、ご存知。
上田　うん。まぁそのためのオイルだからね。
有田　別に塗るが塗らないが、俺の自由ですけど。

上田　うん、そうよ。そこは誰もケチつけてねぇし。先に進めばいいと思うし。
有田　で、まぁいろいろ議論はありましたけど。
上田　何の？
有田　結果、塗ることにしてね。
上田　誰と議論したの？　塗る、塗らないを。お前のなかでちょっと迷ったくらいのもんだろう？
有田　自分のなかで、すごい葛藤はありましたけども。
上田　議論て言わないけどね。「どうしようかなぁ。塗ろうかなー、塗るまいかなー。塗っとくか」くらいのもんだろ。大したやり取りもなかっただろう、そこに。
有田　せっかくだから焼きたいな、というのもあったんですよ、変な話。
上田　別に変じゃないよ、うん。
有田　塗って、焼いたんですけど。まぁ、みるみる焼けていくわけですね。
上田　天気良かったんでしょう？　お前の言うところのピーカンで。
有田　聞いたら、日焼け止めの一番軽いやつ、それを塗ったくらいで、ちょうどいいんだっていう。
上田　あぁ、なんかレベルいくつとかあるもんね。
有田　そうです。
上田　エクストラとかレベル8とか。
有田　いや、まぁまぁ。
上田　まぁまぁじゃねぇよ！　なんかやかましいことを言ってますけれどもみたいなさ。俺は、お前の言った情報をより詳しくちょっと伝えようとしただけだよ。それをなんか、「うちの相方がやかましいもんで」みたいなよ。何もマズイことは言ってねぇよ、俺は。
有田　（笑）。だから、大変だって話をしてるわけじゃないですか。
上田　何が？
有田　そんなハワイの天気の時には、サンオイルを塗っちゃダメなんですよ。
上田　日焼け止めのほうが、きれいに焼けるぐらいのことなんでしょ？
有田　それをやっちゃったもんですから、もうお腹だなんだって全部痛くて。で、それでロケに臨んだんでね、まぁ集中できなかったって言ったら、あれですけども。
上田　それはダメですよ、自業自得なんだから、やっちゃったのはお前なんだし。だからって仕事集中できないって言ったら、それはカンカンでしょうが、スタッフは。
有田　だから、ごまかしましたけどね。
上田　ダメだよ、そんなやっつけで。お前だよ、どっちかって言ったら、仕事にかこつけてワイハに行ってるのは。
有田　「体痛いからって、お前、手を抜いてんじゃねぇか」って言うからね。「そんなわけないじゃないですか」とか言って、ごまかしましたけど。
上田　いや、ごまかしたってことは、やっぱり手を抜いてんじゃねぇか。
有田　ぶっちゃけた話ね。
上田　うん。いや、ぶっちゃけちゃいかんよ！
有田　だから、遊び半分です。
上田　それ、伝えとくわ、そのスタッフに。「あいつ手を抜いてたみたいです」って。
有田　いや、違うの。遊ぼうみたいな企画だからいいんです、それで。「そっちのほうが良い」って言うんです。
上田　良かねぇよ。お前の勝手な解釈だろ、それは。
有田　本当に、「ここでなんか変に使命感を持たないでください」って言われたロケだったんで、別にそれはいいんですけど。まぁいろいろ思い出はありますよ。例えばそれこそイルカを見たりとか、イルカと一緒に泳いだり。

上田 あぁ、あれだろう？ 水族館みたいなとこの？

有田 はい、もうバカですよ、上田さん。

上田 バカはおかしいですけどね。違いますとか、ハズレです、くらいでいいんで。

有田 子どもがいたらバカ合唱です。全員、「バーカ、バーカ」って。

上田 全然応えないよね。だって、「うわぁ。俺、バカなこと言った！」と思わねぇから。

有田 あのね、野生のイルカが寝てるんですよ。上田さん、うんちく王だからわかるでしょう？ 半分寝てるんですよね？ なんか右脳と左脳を切り替えて。

上田 あぁ。右目つぶったりね、左目つぶったりする。

有田 うん。それを30、40頭で移動してるところに入って、っていう。

上田 え？ 結構じゃあ奥のほうに行くの？ 海の。

有田 そうそう。

上田 何10分かけて。へぇ。

有田 それもやったし、パラセーリングもやったし、いろいろやりましたよ。まぁ、それは思い出をいっぱい語りたいです。

上田 うん。

有田 ただね、帰りにね、飛行機に乗って。

上田 まぁ、そりゃそうだろうね。今時、船で帰ってくるとかありえないからね。

有田 どうしようかなぁと、どうやって帰るか？って、考えたんですけども、飛行機にして。

上田 迷わないよ。ミスハワイくらいだよ。ハワイどうやって行こうかなぁなんて考えるのは。

有田 席が空いてたんで、座りだったんですよ。

上田 うん、そりゃそうだよ。席空いてなきゃ座らないもん。

有田 座ってたら、何て言うんですかね？ ビジョンっていうのか、モニターっていうのか。

上田 まぁテレビみたいなやつね？

有田 そうそう。それを観てたら、映画をやってたんですよ。あれ、知ってます？『ALWAYS 三丁目の夕日』。

上田 おぉ、おぉ。続編ね。

有田 それを観始めちゃって。そしたら、飛行機のなかにも関わらず、大号泣で。

上田 あっそう！ まぁ良いって言うもんね、あれ。

有田 でCAが見てちょっと、引くぐらい。「何でさっきから泣いてるの、あいつ？」みたいな。もう号泣しちゃって。

上田 そんなにいいんだ！ 俺観てないんだ、ALWAYS。二本とも。

有田 いやぁ、良いわ。

上田 一本目のほうも？

有田 一本目も良かったんだけど、二本目でまたいいのよ。子ども役がね、良いのよ、泣いちゃって。で、まだ時間あるからって、『フラガール』を観て、また号泣。

上田 あっそう。へぇ。

有田 いや、また横にババアがいるわけね。で、ババアがさ、俺があんまり泣いてるもんだから、「何で泣いてんだ？」って話になって。

上田 うん。ババアって、マネージャーのババアね。

有田 うん。だから、「ALWAYSを観たんだ」って言ったら、リレー放送みたいな感じで、遅れて観始めるわけですよ。だから僕が泣いて、またババアも泣いて、しばらく経ったら、また俺が『フラガール』を観て泣いて。またババアも『フラガール』を観て泣いて、みたいな感じで。

上田　もう号泣の輪唱みたいになってんだ。

有田　はい。で今度は、『恋空』。またこれも観ちゃってね。3連チャンで観ちゃったんです、帰りの飛行機でばっちし。

上田　おぉ。がっつり観たね、これは。

有田　もうね、良いね！

上田　何が？

有田　映画よ。

上田　都内にいろ、この野郎！

有田　俺、マジで本当これは誤解しないでほしいけど、ハワイの思い出は映画。

上田　だから、都内にいろって！　そしたら本当に半日あれば観られるよ、そのくらい。

有田　しかも、モニター小さいじゃないですか。あれで十分。いや、だからね、ハワイの思い出を語りたくないんだよね。

上田　いや、語れよ。せっかくなんだから。映画は別に、また来週でもいいじゃんか。

有田　いや、いや、いや、いや。

上田　え、いや、いやじゃなくて。ハワイならではのことがあるだろう？

有田　それは上田さん、観てないから言うわけよ。観たらもうね、こんなね、バッカみたいな上田さんの顔を見たりね、バッカみたいな上田さんの声を聞いたりとか、こんな狭い何ですか？　この、ワンルームマンションなのか？　何すか、これ？　何ですか？

上田　スタジオだよ。お前、どっからお送りしてんだ？

有田　そういうところにね、閉じ込められてる自分がもう情けないよ。

上田　は？

有田　だからもう一杯、恋愛したり、真面目に生きようっていう気になってくんのよ。

上田　別にここで喋んのも、これはもう仕事の一環として真面目なことの一つよ。

有田　何を言ってんですか、そんな。ぺちゃくちゃぺちゃくちゃ！

上田　おめぇだよ。どっちかって言うと、さっきからぺちゃくちゃ喋ってんのは。

有田　ワイハがどうだとか。

上田　お前だよ、だから。

有田　そんなことを、あーだこーだ言うようなことをやってちゃいけないなっていう気になるんですよ。観ればわかりますけど、もっと真面目に生きなきゃいけないと。

上田　うん。

有田　俺はもう本当、純粋に今思ってるのは、堀北真希ちゃん、『ＡＬＷＡＹＳ　三丁目の夕日』の。それと『フラガール』の蒼井優ちゃんと、『恋空』の新垣結衣。もうこの三人と同じ時代に生きていることを、本当誇らしげに思います、僕は。

上田　まぁ誇らしげに思うっていう言い方はおかしいからね。それ、まさきよじゃない？　誇らしげには。

有田　だから、もうまさきよとかは入れないでほしいの、このトリオのなかに。黄金の俺のなかのトリオなんだから、今。

上田　（笑）。堀北真希、蒼井優……まさきよむねあき？。

有田　違う、違う。

上田　え？　あ、新垣結衣か。

有田　まさきよむねあきは、入れなくていいですから。

上田　あ、新垣結衣、まさきよむねあき、黒瀬チョックニ？

有田　違う。見たいですか？　まさきよのフラダンスが。
上田　見たいね、俺は。見たいだろ、お前も？
有田　黒瀬の高校生の姿が？
上田　お前な、蒼井優の高校生姿と黒瀬の高校生姿、どっちを見る？
有田　蒼井優です。
上田　正直言ってみ。
有田　正直にもクソも、蒼井優に決まってるじゃないですか。
上田　絶対、黒瀬だよ。じゃあお前、蒼井優のフラダンス姿と、まさきよのフラダンス、お前どっちが見たい？
有田　蒼井優に決まってるでしょうが！
上田　絶対にまさきよに決まってるわ！　あんな髭面で、「あー、どうもどうも」みたいな感じでフラダンスされたら、それはそっちのほうが絶対に面白いもん。
有田　もうダメ！　上田さん、終わってるわ。
上田　いや。そっちのほうが笑えるから。
有田　笑えるとかじゃなくて、笑いなんて要らないんです。もう、要らないんです。
上田　出ていけ、この業界から、てめえは。
有田　笑いなんて一切要らない。一生懸命に頑張るか、頑張らないかだけなんだから。ダンスをやるならダンスをやる。小説を書くなら小説を書くでもいいし、恋愛するなら恋愛するでもいい。それを茶化してね、まさきよだって。まさきよのフラダンスがなんだって、いい加減にしなさいよ、もう。
上田　いや、俺は本気で言ってんだよ。蒼井優ちゃんのフラダンス姿も可愛いよ。可愛いけれども、どっちを見たいかって、俺はまさきよのフラダンスのほうが見たい。
有田　だから、そんな話はしてないんですよ、今は。そうなのかもしんないけど、それは心に閉じこめておくわけにはいかないかな？
上田　もうお前も、だいぶまさきよ寄りになってきただろ？　今、済々黌フレーズを出したってことは？　お前はさ、なんかかっこつけてよ、堀北真希、新垣結衣、蒼井優の三人とか言ったけど、絶対にお前は、黒瀬直邦、まさきよむねあき、あと、ハタデメオのその三人トリオとかのほうが、お前はいいんだよ、絶対に！
有田　（笑）。ハタデメオって何ですか？　ハタデメオのことなんか言ってないでしょうが。
上田　そうか、この番組、初見なのか。まぁいいわ。ハタデメオは、今度また、時間がある時に説明するわ。
有田　「デメデメ、デメデメ」って言うから「デメオ」っていう。そんなの要らないですよ、今もう。
上田　しかも、ハタって、何でハタか知ってるか？　お前。問題はハタのほうよ。
有田　あれでしょう？　ハンチング帽をかぶってるからでしょう。ハンターデメオでしょ？
上田　ハンターデメオでハタデメオになっちゃったからな。
有田　いや、もう、そんなのいいんですよ。上田さんは観てないから言ってるんですって。
上田　何が？
有田　いや、だからその三本を。
上田　それは確かに、ＡＬＷＡＹＳとかはね、みんないいって言うし、観ようかなって思ってるよ。
有田　それをそんなもう、済々黌とかじゃないわけよ。

上田　でも、そんな笑えるのが出てくる？
有田　笑えないよ、全然。
上田　あ、じゃあ、俺はいいわー。
有田　逆に言えば、そのハタデメオも別に笑えないもん。
上田　（笑）。
有田　誰も笑ってなかった、あの時、ハタデメオは。ヨシモトコギオもそうですよ。ハタデメオと一緒にいたヨシモトコギオ。吉本新喜劇みたいな顔をしている人がいたので、ひどいですよね？　吉本新喜劇みたいな顔っていう。誰なのかわかんないですけど、なんかお笑いっぽい顔をしてたんで……。どうでもいいです、そんなん。
上田　何なんだよ？
有田　だから僕は、同じ時代に生きられて、俺は良かったと思ったの。本当にうまいんだから、演技が。
上田　それは素敵なことだね、そう思える人がいたっていうのはね、うん。
有田　すごいでしょう？　僕はいつもこう言いますよ。もしも、なんか可愛らしい子を見たら「付き合いてぇ」とか「飲みに行きてぇ」とか。でも、違うんです、そんなことを思っていない。一緒の時代に生きられたことを感謝しますって僕は言ってるだけだから。それが、僕の成長だと思いませんか？
上田　でも、そうね。
有田　そのくらい僕は心が今、きれいな状態なんですよ。その成長を、僕は喜んでほしいんですよ。
上田　いや、そんなの押しつけがましく言うことじゃないだろ。
有田　それをなんかね、コギオがどうだとか、デメオがどうだとか。
上田　コギオを出したのは、お前だよ。
有田　いやいや、だからそっちのほうでお笑いの道に僕を誘わないでほしいんですよ。
上田　お前じゃあ、今後どうやって生きていく気？
有田　僕は真面目に生きていきます。
上田　でも真面目に生きていくって、仕事は何をするの？
有田　いや、与えられた仕事をもう、一生懸命に汗かいてやって。
上田　じゃあ、それは例えばバイトとかをしていくってことか？
有田　ん？　いや、テレビの仕事が入ってるみたいだから。
上田　入ってこねぇよ、そんな真面目なことばっかされても。
有田　いや、一生懸命に僕は汗をかくだけです。
上田　何をすんの？　汗をかくだけって。
有田　司会だったら、走り回って。
上田　余計だよ、司会で走り回られても。
有田　途中でフラダンスとかもちょっと入れて。
上田　出て行けって、お前。この業界から本当！
有田　でもね、そんなにバカにしてますけど、一生懸命に僕がフラダンスしたら、絶対に途中から感動に変わりますよ。
上田　変わらんよ。だってこっちは笑いが欲しいのに、ずっと真剣に踊られても。
有田　いや、絶対に変わりますよ。
上田　いや、変わらんよ。
有田　だって最初、松雪泰子だって、なんじゃ？っていう顔をしてたんですもん。蒼井優を見ながら、「出ていけ」って言って。それが蒼井優が頑張れば、結果的にはみんなが認めてくれる、これがやっぱり人間ですよ。
上田　それはそういう背景とかがあるか

らでしょ？　その炭鉱が潰れてどうのこうのとか、そういういろんな背景があるからでしょ、あの映画に。

有田　確かにフラダンスは、そんなしょっちゅうやれるかどうかわかりませんけど、最悪、僕は一応お笑い芸人というものを今、仮の姿でやっていますから。

上田　じゃあ、お前の真実の姿って何なの？　フラガールなのか？　フラボーイなの？

有田　もうほんとフラですよ、やっぱり元は！

上田　元はって、一度もやったこともねぇだろうが！　お前そんなにフラにハマってるんだったら、ハワイの話せんかい。本場のハワイの話を！

有田　ハワイは関係ないです。

上田　関係あるわ。フラはそっち方向からやってきたよ。

有田　フラを僕がやりたいのは山々ですが、それはまだ僕は、練習が足りないと思うんで。

上田　当たり前だよ。一度もやったことないんだから、足りねぇに決まってんだろう！

有田　だから、僕はお笑い芸人という仮の姿、しかもボケという役を押しつけられてるんで。

上田　誰が押しつけたんだ。

有田　僕はマジでボケます。今後、真剣に考えて、ボケて。

上田　相方としてはやりづれぇよ、そんな奴。そんなトーンで「俺ちょっと真剣に考えてボケるから」なんて言われても、やりづれぇし。客も笑えねぇよ。

有田　マジで、全力でだから上田さんも俺にツッコんできてほしいっていうか、俺も全力でボケるから。汗かいて、上田さんも全力でツッコんできて二人でもしも笑いが取れた時には抱き合おう！

上田　お断りだよ！　そんな鬱陶しいコンビ。

有田　毎回そうしようよ。

上田　嫌だよ。見てられるか？　視聴者も「あ、また抱き合ってんなぁ、あいつら。さほどウケてないだろういま」って。

有田　もしも、さほどウケないことがあった時は、言ってくれてかまわないし、「そんなんだったら誰も喜ばないよ！」って言って。俺がボケた時にね。

上田　うん。

有田　例えば、中尾彬さんを捕まえて、中尾ミエさんみたいなことを言った時は「そんなんじゃなぁ、誰も笑えないよ!!」って言ってくれれば、俺も「わかった。次は……ちゃんとやるから!!」って。

上田　お前、ただでかい声を出してるだけじゃねぇか。いや、あの、まず俺からそれは言いませんし、絶対に。だからお前がそういうふうにまた言い返すこともないよ。

有田　真剣にやるからさ、俺も。決めたんだもん、本当に。

上田　自分の仕事を真剣にやろうっていうのは、何にも否定せんよ。それは正しいことよ。

有田　そうでしょ？

上田　だからって、「ちょっと真剣に考えてボケるから、お前も真剣に来いよ。そして抱き合おう」とかって言われると、もうまるで話は受け入れられんよ。

有田　じゃあ、どういうスタンスでやっていきたいわけ？

上田　今まで通りでいいよ。

有田　いや、今まで通りの俺っていうのは、遊び半分もいいとこだよ。

上田　おう。だったら、16年半分説教するわ、今度、ゆっくり。

フリートーク傑作選 05

2007.12.04

上田プロパンはアコギ!? 有田が偽装問題を徹底追及

有田　上田さんの周りは熊本弁のコアな言葉を使う人がいるじゃないですか？　だから俺は知らないのよ、付属に行ってたでしょ。済々黌に行ってから全く知らない言葉がいっぱいあった。「なば」もそうだし。

上田　まぁ、お前の行ってた中学校はおっ上品なお坊ちゃん、お嬢ちゃんが多いとこだからね。俺らのところはコアはコアよ。

有田　なんか、「むぞらしか」とか。何？「むぞらしか」って？

上田　まぁ、可愛いらしいっていう意味ね。

有田　そうそう。でも言わないからね、元々。で、（上田さんの家は）下品な家で。

上田　下品じゃないからね。家は全然下品じゃないですよ。

有田　臭いねぇ。

上田　あのな、ガス屋だからって臭くはないよ。ガス屋って充満しているわけじゃないからね。

有田　それを切り売りしているんでしょ？　臭いガスを、汚いのを切り売りしてるんでしょ。

上田　俺らの体内から出た空気と違うからね、親父が販売しているのは。それ相応のガスをタンクに入れるとこに行ってそれを……。何を真剣に説明しているんだ、俺は!!

有田　（笑）。気体を売っているっていうのがまずね、なんかこうアコギというか。

上田　アコギじゃねよ！　普通のちゃんとした商売だよ（笑）。

有田　モノを頂戴よと思うけど、こっちがポンっと開けたらないわけだから。

上田　でも、お前ガスなかったら、風呂も沸かせねぇ、料理もできなかっただろう？

有田　いや、だからそういうのは国に任せてほしいっていうかね。それだったらしょうがないなと思うけど。

上田　だから国が賄えない部分をウチの親父がやっていたわけじゃんか。

有田　そうやってスキマに入って。

上田　スキマじゃねぇーつうの！

有田　気体を下手すりゃ、偽装問題じゃないけど、カラで渡したこともあるでしょ。

上田　そしたら、単純に火がつかねぇからバレるよ。

有田　どんだけでも薄めることが可能だよね、見ることできないんだから。見たらバァーってどっかにいっちゃうんだから。
上田　（笑）。薄められねぇよ。火がつかないんだから。
有田　それで、プロレスに行ったり、服を買ったりしているんだから。1万円のポロシャツ買っているんだからね、高校の時に、「手頃だねぇ」って言って。
上田　いいじゃねぇか、別に。
有田　人に気体を売ってさ……。
上田　（笑）。だからその言い方なんとかなんねぇか！　確かに気体を売っているけどよ。
有田　誰も確認ができない。
上田　（笑）。
有田　こっちが素人だと思って、素人だから「違うじゃん」とか言えないわけよ。
上田　でも、わかるように匂いはつけているんだよ、見えないからこそ匂いをつけているんだよ。本当は匂いはないんだよ。
有田　匂いさえつけとけば、みんな信じるもんね。
上田　ちゃんとガスありますね、っていうね。
有田　本当にちょっとだけ入れて、それで売って、なくなったら、「今回結構早かったんですねぇ」って言って。それで掠めた金でポロシャツを買うことできるわけよ。そういうことやっているから、俺は嫌なんだよな、上田プロパン。
二人　（笑）。
上田　ウチはインチキはしてねぇっつうの。お安い値段でやってたよ、薄めずに。……薄めずには当たり前だよ！
有田　本当、偽装問題なんて今更だよ、俺に言わせれば。何年前からやっていたか、上田プロパンが。
上田　だからやってねぇよ。人聞きの悪いこと言うなよ。
有田　ひでぇなぁ。
上田　お前だよ、ひでぇのは。
有田　広告代理店をやっていたわけよ、ウチの親父は。バスとかにね、広告を出していたから、モノだから。
上田　それはそうだけども、広告を出しますよっていう企業がなければ、成立しないわけだろう、それこそ。要は代理でやっているわけだろ、お前のところは。主にやっているわけじゃないんだろう？
有田　そうそう、代理をやっているわけ。必ず、必要なモノなわけよ。だって、広告はウチがやったのがはっきりしているからね。でも、上田さんのは「持ってきて」って言ったら「どれよ？」っていう話になる。
上田　だから、俺がボンベを持ってきてやるよ。
有田　「（ガスを）出しなさい」って言って、出したら、フワーってどっかいっちゃうから。
上田　でも、シューっていう音聞こえるだろ。
有田　それを吸ってもやばいし、「上田さんが売っているモノを出しない」って言って、ブワーって充満して「臭ぇ」って言って、離れるじゃん。そのうちになくなっているじゃん。
上田　うん。
有田　「あれだよ」って言われて、本当に騙してぼったくりバーの手口と同じだよね。
上田　なんでだよ！（笑）。
有田　「ウチに入んなよ」って言って、暗いとこでババア出して。「あんた来たから5万を払いなよ」みたいな。それと同じだよ。
上田 全然、訳がわからないよ！ それと一緒にされても（笑）。
有田 だって「見せなさいよ」って言って、「これだよ」ってなって、「臭ぇ、離れろ」って。で、臭くなくなって戻ったら、もうガスがなくなっている。でも、「あれだからな。金を早く、ポロシャツ買うからな」。これはぼったくりバーの手口だもん。
上田 あのさ、ウチの親父が稼いだ金でほとんどポロシャツは買ってないよ。そこに使った金はごく一部だよ！
有田 俺が高2か3ぐらいの時かな。ビデオデッキも買ったじゃないですか。あれもそのアコギなあれだよね？
上田 アコギじゃねぇつーの！
有田 ブラックマネーで買っているんだよね？
上田 （笑）。だから普通の商売だっていうの、ガスは。
有田 ガスは、僕は素敵な商売だと思いますよ、大事だから。
上田 大事だろ。上田プロパンがあったから助かっただろ？
有田 いやいや全然。それは国がね、やるべき仕事だから。
上田 そうだよ。そうだよっていうこともないわなぁ。東京都とかはいわゆる都市ガスがあってね、張り巡らされてるけれども、熊本はまだ遅れていてそういうのがないわけ。でも、ガスがないと生活できないと、みんな。だからウチの親父が重い腰を上げて、「俺がやってやるわ。お前ら生活できないんだろう」と。
有田 ウチもプロパンは来てたよ。
上田 「あんたら、料理も風呂も入れないだろ、このまんまじゃ。冬場だったら、灯油のガスストーブのところもいっぱいある」と。そこでうちの親父が「よっしゃ、俺に任せろ」と立ち上がってガスを配り始めたわけだ。
有田 人の弱みにつけ込んで。
上田 弱みじゃねぇーつうの（笑）！
有田 「お前、風呂入りてぇんだろ。金をよこせ、ガス分けてやるよ」って。
上田 （笑）。お前資本主義ってわかってんのか？ 商売っていうものが。
有田 いや、俺もプロパンガスを運んでもらっていたわけだから。そこは良心的な店だったもん。
上田 俺ん家も良心的だっつうの！
有田 俺はプロパンガス自体を否定しているわけじゃないよ。
上田 俺ん家は何だったら、お前ん家に配っていたプロパンガスより安かったよ。ウチは本当に安かったぞ。
有田 それはそうだよ。薄めてんだから（笑）。
上田 違うよ！ 薄めてねぇーつうの。
有田 普通の空気売っているんだから。普通の空気を売っちゃダメよ。売っちゃいけないものなんだから。空気はみんなのものなんだから。
上田 （笑）。え？ じゃあ俺ん家のボンベには空気しか入ってないのか？
有田 空気とあと匂いね。ガスっぽい匂いを入れてるだけ。
上田 だから、そんなのすぐ「上田さん、お宅のガスはすぐ切れるんだけど」ってなる。
有田 だから「安いんだから、もう一個買えよ。いいよ、風呂に入りたくなければ……。入りてぇんだろう？ じゃあ、金よこせよ。ポロシャツを買いてぇんだよ」って。
上田 （笑）。だから、さほどポロシャツに使ってねぇつうの、お金。

有田　「他の人からは正直、もっと高い金を出すから売ってくれっていう人もいるんですよ。どうします？　そっちに渡してもいいんですか？」って言って、「いや、ウチにお願いします」ってなって、「じゃあちょっと色をつけてくださいよ、わかるでしょ？そこからへんは。ウチの子どもが三人いるんでね。私立代を全部出しているんですよ。わかるでしょ」って。

上田　（笑）。ウチの親父は守屋事務次官か！

有田　だからあんなのは俺は古いと思うわけよ。今頃、国会でキーキー、キャーキャーやっているけど、そんなの全然上田の家がやってたからね、何も思わないんだよね。

上田　もっと悪いのいたからね、ぐらいの？

有田　熊本のあそこにいたから。どこだっけ？　あそこの3号線沿い？

上田　上田事務所に上田事務次官が？

有田　あのプレハブで接待を受けてたからさ。

上田　（笑）。接待なんか受けられるような事務所か！

有田　そんなんで、知識入れてうんちく王だとか、日本の宿題だって政治家と番組をやったりしているけどさ、それは元はちゃんと本を買ったりさ、大学に行って勉強したこともあるわけじゃん。そのお金は全部、そういう汚いお金でやっているのにさ、税金も全部払わずに。

上田　払っているわ！　税金を払ってなかったらとっくに捕まっているわ、ウチの親父。

有田　だって「ウチ、何もやってないですから」って言っているわけだから。「空気を吸っているわけだから、何がいけないんですか？」って。

上田　今日のこの録音テープを持って俺は絶対裁判所に行くからな。上田家で、親父とお袋と俺の三人で行くわ。

有田　これで上田プロパン潰れたらどうなんのかね（笑）。1個の店を集中砲火して。

上田　確実にお前を訴える。確実に！

有田　でもなぁ……。

上田　でもなぁ、じゃあねぇーっつうの。

有田　いっぱいやっているからな、悪いことを。

上田　よし、裁判所で勝負しよう。今日のこのテープは絶対に証拠品として持って行くかんな、俺は。

有田　それで今、のうのうと結婚して、子どもまで生んでいるわけだから、俺は信じられないよ。いつも思う、俺は番組で。横で「おい、こらぁ有田、お前」って言う度に思う。「こいつなアコギなのに、何でだろう。よく言えたな」って。

上田　とりあえず、俺は明日ミーティングやるから、親父とお袋と。

有田　それでね、裁判所に頼むのもいいけど、弁護士に頼む費用も汚い金から出るわけでしょ。そう思ったらねぇ……。まぁまぁいいけどね。

上田　絶対訴えよう、絶対！

フリートーク傑作選 06

2008.04.29

女性を誘っても返事が来ない有田に全国の男性が共感!?

上田　ぶっちゃけて聞くわ、1日のデートってどれくらいやってないの？　正直に言って。先週やったならやったでもいいし。
有田　1日デート？　二人で飯を食うか……。
上田　別に映画を観に行くでもいいけどさ、ドライブでも飯は入ってくるだろうけど。
有田　いや、もう1年、2年……。
上田　えぇー！
有田　1年ぐらいかな？　二人で飯だよね？
上田　そうだよ、でも付き合うまでは至らなくても、ちょっと発展すればいいなぐらいの匂いがある人よ。
有田　そういう意味では半年前ぐらいには行った。
上田　その人とはどうなったの？　この半年間で？
有田　いや、別に飯食って終わりよ。
上田　何で？　それは向こうが「いや、ちょっと有田は」みたいなことなの？
有田　なのかもしれないよね。
上田　お前のほうは、また2回目、3回目のデートっていうふうに詰めなかったの？
有田　うーん……まぁ誘うけどね、そのしつこく誘ってもしょうがないでしょ。
上田　向こうが「またご飯でもちょっと行こう」とは？
有田　ってなったら、「今度にしましょう」じゃないけど、まぁ「スケジュール見つけときますんで」みたいな。……で終わり。
上田　スケジュールが合わないの？
有田　合わないっていうか、それぐらいで終わりですよ。
上田　あー興味ないね、向こうは。「いやぁ有田勘弁」っていうことなんだろうね。
有田　いや多いですよ、そういうこと。
上田　(笑)。今、心から末期症状だなって思ったのは、お前は前さ「何でだろう？何で返って来ないだろう」ってもっと貪欲だったんだよ。ちょっと教えてってこともあったよ。
有田　いや、そういうのが続けばねぇ。
上田　(笑)。もう、だから末期なんだよ。お前はそれを、「まぁ多いですけどね」みたいな感じで平気になっているんだよ。
有田　もう、俺は女はクソだと思っているんですよ。
上田　お前だよ、クソは。クソはお前じゃ！
有田　そんな言いますけどね、僕はちゃんとやっているんですよ。
上田　何が？
有田　例えば、女の子に最初から二人はあれだから、「みんなで遊ぼうや」って言って、みんなで遊ぶ。そしたら、「今度二人で飯でも行きましょうか」って言いました。「あぁ、ぜひぜひ」ってなるわけよ。「7時ぐらいから2、3時間、美味しいところを見つけとくから。二人ならいろいろと話せると思うのよ」みたいな。ちゃんとメールもやりとりして、「いつにしましょうか？　この日どう？」みたいな日があったわけ。
上田　うん。
有田　そしたら、向こうは「スケジュール、ちゃんとわかり次第連絡します」って。したら、「その日はダメでした」と。「あ、本当」と。「じゃあ何時に終わるの？それからでもいいからご飯でも行こうか？　ちょっと軽く飲みにじゃないけど」って。向こうは「遅いから」。「あー、わかった。しょうがない」って言って。
上田　うん。
有田　で、「別の日のスケジュールを出して」って言ったら、「わかりました」って。でも連絡が全然来ない。それでもしつこく、「いつよ？　いつよ？」っていうのもあれだから、普通のやり取りをします。例えば「仕事頑張ってますか？」みたいな。「頑張ってます」みたいな返事が来る。そこで連絡が来ないなら、あれだけど、連絡が来るわけ。
上田　もう1回アプローチするわな、その辺で。
有田　うん。きっかけがないといけないと思って、どっか行った時にお土産を買っていくわけ。
上田　そんなマメなことしてんの？
有田　俺、すげぇちゃんとするんですよ。お土産も韓国に行った時に、韓国のりとかじゃなくて、ちゃんとした物を買おうと思って、その良いなと思う人だけにアクセサリーを買って、「お土産を買ったのよ」って言って、「何がいい？」って最初に言うんだけど、「何でもいい」みたいな感じになるから、「じゃあお土産を買ったから前の食事の件だけど、あれを実現しようよ」みたいなこと言ったら、「嬉しいです。楽しみです、お土産。ありがとうございます」ってなって、その後は連絡なし。どういうこと？　これは！　もうね、こんなんね。どういうこととも言いたくない。そういうもんでしょ。
上田　（笑）。
有田　女なんてそんなもんだよ。
上田　いや、そんなことはない。
有田　約束なんて守りもしないし。
上田　その子はたまたまね、彼氏がいるとか、他に好きな人がいるとか。で、「ごめんなさい、ちょっと二人で会うのは憚られるんですよ」とか。
有田　って言えばいいよね。って言えば、「またみんなで」みたいになるじゃないですか。結局、お土産がポツンとずーっと家に残る。誰に渡すわけでもなく、悲しい結果よ。
上田　たまたまじゃないの？　その子の場合。そんなのが続くの？
有田　今の子の場合はたまたまかもしれないけど、そういうケースだらけよ。
上田　ん？
有田　約束しました、破られました。それに関して何の謝りもない、みたいなことばっかの繰り返し。だから何とも思わない。
上田　うーん……ちょっと、お前パワプロやれよ。もっとやっちゃえよ。
有田　あのね、プレイステーションの左の奥のほうの電源スイッチを知っていますか？　あれをカチッと押すじゃないですか。それでもう1回前のほうにいって、ピカッと光っている赤いところを押すんです。したら、絶対に電源入ります！　これだけは言える。
上田　（笑）。プレステは裏切らないと。
有田　絶対に裏切らない、2つの作業で。でも、メールを見て返信ボタンを押して打って送って、もう1回送ってお土産買ってメールを送って、何の返事もない。
上田　電源入らなかった？　女性の電源は。
有田　やかましいよ、女っていうのは。本当にやかましい。
上田　（笑）。
有田　偉そうなことばっか言ってさ、自分はさ、「かわいいでしょ」みたいな。良い奴みたいなアピールばっかりするくせに、自分がやっているのはそういうことばっかなのよ。
上田　ん？
有田　「僕なんか、テレビなんかでも合コンだとか下ネタとか言っているから、エロいキャラクターに見えるよね。そんなんじゃないんですよ、本当は」と。「全然そんなイメージは最初からないです。テレビでそんなイメージなんですか？」って言うんです。「いや、普通はそうだと思う」、「でも私はそんなイメージはないから大丈夫です」って。そういうとこからスタートしているんです。で、何で？　飯ってそんな危険なの？　俺、その人のステーキとかまで食うかな？
上田　そういう心配じゃないと思うよ。私が食べられちゃうみたいな危険がね。
有田　いや、だからそれは「そういうイメージですか？」って言ったら、「ない」って言ってるわけですよ。
上田　でもさ、それは仮にあっても、「ある」ってあんまり言わないんじゃない。
有田　だとしても「自意識過剰だよ！　おめいは」って言いたいわけよ。「お前なんかにいかないよ」ってなるわけよ。世の女性に言いたい。そんなにね、いきませんって僕ももう。いつも言ってますよ、軽いEDだって。
上田　軽いEDは週に2、3回オナニーしないよ。
有田　いや、リハビリですよ、リハビリ。
上田　（笑）。
有田　無理やりです（笑）。
上田　しなくていいよ。
有田　そこは、もう掘り下げませんけど。
上田　……たまたま今ね、波長が合ってないんだろうけどさ。
有田　細木数子先生に言わせれば、今年は僕は大殺界らしいんですよ。バイオリズムがあるから、ダメな時はダメじゃないですか？　女性にしても何をやってもダメで、諦めた時ぐらいにポンと振って湧くとかさ。だから、今はそのためにパワプロをやってるんです。
上田　（笑）……いやでも、それにしてもパワプロの15は楽しみだな！　なぁ？
有田　なんだよ、諦めた？　お前どうせ無理だよみたいなさ。
上田　パワプロはどう変わるのかな、ストーリーモードとか。
有田　間違えた、本当に。上田さんみたいにちゃんとやってくれれば良かったと思ったよ。テレビでも絶対に下ネタは言わないで。
上田　いや、俺ケツばっか出してたよ。

有田　それは昔の話ですよ。例えば、デート行ってもね、「ちょっと俺ん家来いよ」みたいなこともせずにちゃんとやってればね、「普通にご飯食べる？」って言っても「全然いいですよ」ってなったんだろうね。それすらも叶わないんだから。

上田　(笑)。

有田　わかります？　そういうことされたことあります？　誘ったら返事が返ってこないなんてことあります？

上田　いやぁ、正直あんまり記憶にはないかね。

有田　たいてい、そういうもんです。僕も、そういう意味では驕ってたかもしれないね。「遊ぼう」って言えば、遊んでくれるよねっていう感じで。でも、今はそんなことはないです。時代は流れて、もう終わりです。

上田　(苦笑)。え、でもパワプロ15はミートを挙げたほうがいいのかね？

有田　ミートというのは女性とミートするということですか？

上田　いやいや違う、完全にもう野球の話しよ。パワプロの話をしようか？

有田　いや、パワプロなんて止めてもいんですよ、僕は。パワプロどころか別に人生を止めてもかまわないんですよ。

上田　(笑)。

有田　別に僕は何も守るものはないんですよ。家に誰がいるわけでもなく、何もないんですよ。

上田　うーん……俺も止められんね、そこまでいくと。

有田　メモリーカードだけは、ちゃんと僕の記憶をずっと残してくれる。

上田　え？　メモリーカードはお前の記憶なんだ？　お前の人生の全てなんだ、もう？

有田　だって、別にそれ以外の人生はねぇもん、パワプロで作った選手ぐらいしかないもん。あとバンドで一生懸命弾いた曲はCDになりますけどね。出たテレビもハードディスクレコーダーには記録されていきます。でも実際、歩いて立って歩いてる僕は何もない。

上田　(笑)。

有田　記録媒体だけ。

上田　お前さ、今週ヤンキー先生に電話して相談乗ってもらえ？　俺じゃ手に負えないから。

有田　そりゃ、上田さんみたいな家族もいて、子どももいて、浮気のひとつでもしようかと思えば何とかなって。

上田　しねぇし、何とかならないし。

有田　そんな人にはわからないだろうね、僕のその孤独みたいなのはね。山崎に電話したら忙しい。しょうがないから、居酒屋に行って一人で飲むみたいな。

上田　(爆笑)。やさぐれてんな、お前。うーん、だから本当に俺が言えることは、ヤンキー先生、もしくは北方謙三先生あたりにね、ホットドッグプレスにハガキを送って、「有田哲平っていう芸人ですけど、私は今こんな状態です」と、「パワプロ以外何の生きがいもない」と。「どうしたらいいんですか？」って言ったら、北方謙三、俺は答えてくれると思うからさ。相談してみ？　どうだろう？

有田　だからちょこちょこ相談しているんですよ、上田さんにも。「やっと心を通い合えるような奴が見つかった」みたいな。そしたら「ホリケンと付き合うの止めたら」みたいなこと言われて。

上田　(笑)。

有田　やっと同じような境遇の奴が見つかって遊んでたら、「禁ケン」だとか言われて。

上田　ぶっちゃけ、俺はホリケンのプライベートを知らないけどさ、ホリケンもたぶん彼女いない？　ずーっと？

有田　そうだろうね。ホリケンも同じぐらいかな。

上田　山崎も何年もいないんじゃないの？

有田　そうだね。山崎が前言っていたことで印象的なことがあったんだけど、「洋服を買いに行こう」っていうのがあったわけ。で、行くじゃないですか。あいつも買い物好きだから。でも、なかなか買わないんですよ。矢作と買い物行くとボンボン買うの。だから、「お前なんかせこいよ」って言って。「今日は1日買いに行こうって決めてんだから、買おうよ。そしたらお互い、俺も！みたいな気になって買うから。盛り上がるよ」って言って。そしたら、「有田さんわかっていない」って。「僕が買い物に行く際ね、気に入った、気に入らないなんてどうでもいい。まずは服が入るところからいくんだ。サイズがないから」。

上田　あぁ。

有田　「だから良いなって思っちゃダメなんです」って。だから「サイズこれ何あります？　Lあります？　Lの上あります？　それって僕なんかでも大丈夫ですかね？　じゃあ、ちょっと履いてみましょうか」って。それでも入らないことが多いらしい。そこに200着、300着あったとしても2着から選ばなくちゃいけないわけ。だから、「買い物に行ってもね、デザインがどうだとか知ったこっちゃないんだ」と。「だから僕はあんまり買い物は楽しくないんです」みたいなこと言ってたの。

上田　うん。

有田　かわいそうだなって思って。でも、俺も最近、それを味わうんです。買い物に行ったら、これ良いなって思ったら、店員さんが俺の体つきを見て「あーないですね」って。

上田　なるだろうね。

有田　で、「なんだ。買い物ってこんなつまらねんだ」ってなってくるように、山崎って俺の3、4歩先に行ってるから、女に関してもそうなんだよね。

上田　え？

有田　だから、「良い子がいましたとか、良い出会いがあったなんてどうでもいい」と。まずは、俺でもいいっていう、メールを返してくれる人からまず、見つけなくちゃいけないわけよ。

上田　自分が選べる立場じゃないと、もはや。

有田　そう。女の子と出会える場には行きますよ、でも、行っても絶対にそこにいる五人は俺のことなんか、良いなんて思わないんだから。だから何もなく帰ります。そういったなかでたまに、良いなって言ってくれる人がいると。一〇〇人会っての一人ぐらいいた。そのなかから「山崎、お前どうする？　付き合う？　付き合わない？」ってことになって、その時に奇跡的に山崎がタイプじゃないってなった場合はご破算。

上田　あ、そう。

有田　だから、山崎はそういう話もしないんです、この間可愛い子がいてとか言わないです。だって最初からできないって決めてんの、絶対。俺は山崎、寂しいよって思ったけど、わかる、今なら。

上田　言っとくけど、俺、いまお前の姿はっきり見えてないからね。涙でにじんで（笑）。

有田　だから、高校の時でしたっけ、予備校の時か。「おう、上田、女、できたのか？　できないの？　俺が開いてやるよ」ってあったじゃないですか？　イキイキしていた時期の俺じゃないからね。

上田　え？　あの時、飲み会を仕込んでくれてたら、結構いい飲み会を仕込んでくれてたじゃん。あの時の有田さんじゃないの？　もう。

有田　もうとっくに死んでる。

上田　ご愁傷様でした。どうもお世話になりました、その節は。

有田　あれはそうね、もうとっくに死んだな。あいつは『笑いの金メダル』ぐらいで死んだんじゃないかな。

上田　何かちょっとリアルだな。その辺で死んだのか？

有田　『笑いの金メダル』ぐらいまでは、もしかしたら一声かければ集まるだろうっていう自信はあったかもしれない。でも、今日女の子と遊びたいんだって思って、遊べることはないだろうね。

上田　別に恋愛感情とかなくてもさ、例えば、明日の夜、じゃあ7時ぐらいに仮に仕事が終わると。「ちょっと飯でも行こうよ」とか、「飲み行こうよ」って言って、来てくれる女の子ぐらいはいるだろう。恋愛感情はなくていいよ。

有田　あーでも、それぐらいはっていう驕りはあったんだよね。でも飯はすごいハードル高いからね。本当に俺、飲みに行ってそのまま連れて帰るとかしてないんだから。そういう頭は最初からないの。飯って例えば、「急に前日に行っていいよ」ってなかなか融通の利く子もいないし。

上田　当日でもさ、例えばじゃあAさんに電話しました、メールしました。「ちょっと飯でも今日、どう？突然だけど」「あ、ごめんなさい、今日ちょっと予定は入ってました」「おうおう、別にいいよ、突然だし」ってなって。じゃあBさんもダメで、次、Cさんに。で、Fさんぐらいいけば何とか引っかかったみたいな感じになるじゃんか。

有田　そしたらガンマまでいくんじゃないですか。Zを超えて。ずーっといく。

上田　(笑)。下手したら小数点ぐらいまでいく？　円周率のずーっと、キリがないぐらいの？。

有田　そうそう。この間もあったもん。早く終わって、フラーっとコトブキと「クルマで飯でも行こうか」って。二人で食うのもあれだから、あ、そうだ！　この前、ぜひ飯連れてってくださいと誘われていた人がいたと。

上田　うん。

有田　それで誘われていた女性に電話したのよ、あんまり積極的に誘ってきてくれたから。「あーもしもし、久しぶり。飯でも行くって言ってたから、どうかなって思って。何してんの？」って。「さっき起きて……」、「何してんの？」、「いや、家で……」、「暇なの？」、「まぁまぁ」って。

上田　おう、ちょうどいいね。

有田　「じゃあ、ご飯行こうよ」「いや、いい」、「え？何で」って。「何かもっとちゃんと決めといたほうがいいんじゃないかな。早めに」、「いや、そうだけど、なかなか決められなかったから、今日もし良かったら」、「いや、大丈夫。今日は」。こんなんだから、もう訳がわからない。向こうから「飯行こう」って言っててさ、早い時間に誘ったら無理って。今起きて何もしてなかったじゃん。

上田　うーん。

有田　何よ、この理不尽！　もうちょっといい断り方してくれよ。今、実家から誰か来ているとか何でもいいわ。何それもう！

上田　(笑)。

フリートーク傑作選 07

2007.07.24

素人による奇跡のエピソード ヘッドフォン装着事件とは!?

有田　ちょっと覚えているかどうかわかりませんけどね、こんな話から今日はお送りしますよ。

上田　ん？　どうせそんな大した話じゃないんだろう？

有田　このナンバーからいかせていただきますけど。

上田　何だよ。話にナンバーとかあんのかよ。

有田　もちろん上田さん知っている話ですよ。テレビでも話したことある話ですよ。熊本のランジェリーパブに行ったんです。ランパブ！

上田　そんなの、上から言われても困る。俺はランパブに行ったの！みたいな。

有田　みんなランジェ、着ているの。

上田　いや、だから恥ずかしがれよ、多少。で、ランジェで省略するな。リーを言うぐらいのエネルギーはあるだろう。

有田　行ったんですよ。

上田　選挙に行ったんですよ的なトーンで言われても困るんだよ。

有田　もう10年ぐらい前の話ですから。営業かなんかで行って。それでちょっとこっちもいきり立っていきますよね、ランジェリーパブに行くぐらいですから。真面目に「ちょっと今日飲もうよ」って言って、あんま行かないじゃないですか。

上田　まぁね。場所が違うよって話になるからね。

有田　女の子の店に行こうよ、みたいなノリでしょ。たまたま、僕についた女がね、熊本弁で喋ってくれるからちょっと新鮮味がありますよ。「どーも、いらっしゃいませ」じゃないから、「あれ、どないしょっと今日は？」みたいな感じですから。こう言っちゃあれですけど、エロい女ですよ、横に来たのが下着一枚でランジェリーパブですから。で、下ネタ全開なんですけども。

上田　まぁまぁ、そうか。

有田　その女性が下ネタ全開で最初は話すわけですけども、10分したぐらいですかね。僕と同じで「まいちゃってさ」みたいなこと言い出して。「どうしたの？」って言ったら、ショータイムがあるんだと。1時間に1回ぐらいショータイムがあって、みんなの前で踊らなきゃいけないと。

上田　はい、はい。

有田　トップレスでそういうイベントが

ある。「あ、そうなの？」って言って。「それをさっきやったんだけど、先輩のお姉さんにあんたの踊りは下品だって言われて怒られた」と。
上田　うーん。まぁ俺はわからない。線引きがどこなのかわからないわ。
有田　「あんたのそのトップレスのダンスは下品だって言われた」って言うから、同じようなこと言ったんです、僕も。「こういうところは逆に言えば、下品なところを求めている部分もあるからね」って言ったんですが、「私は下品にするつもりは全くない」と。「一生懸命練習もしているし、ちゃんとやっている。いくら裸になっているとはいえども、ちょっとそれはきつい」ということを言ってきて。「まぁまぁそれはそれとしてさ」みたいな感じで、話をまた下ネタに変えようとするんです。
上田　お前はどんだけいきり立ってる？
有田　やっぱそういうとこ行っているわけですから、そりゃそうでしょ。そうしたところ、全然聞いてくれずに、終いにはちょっと顔をうつむき加減になって、酒を飲んで下向いて、「もう、なんでだろう」みたいな感じになってきたわけですよ、落ち込み始めて。
上田　客商売で？
有田　「ちゃんと練習したのにな」みたいな感じで。「わからないけど、別にいんじゃないの？　自分の好きなようにやっとけば？」みたいなことを続けて。
上田　陽気に行こうぜと？
有田　そうそう。そしたら、タイミングよく、「ショータイム、ハッスルタイムいきまーす。全員集合してくださーい」みたいなことになって。どういうハッスルタイムかっていうと、僕の前に立つんですね。
上田　ほおほお、跨って？
有田　跨って、僕の座っているソファに立って。パッと上を見たら、上を脱いで、僕の目の前で腰をグイグイ振りながらハッスルタイムで踊っているわけですよ。それが5分10分ぐらいあるわけです。それでお楽しみくださいと、エッチな時間を。「へぇ」と思って。僕の前にも女性が来まして、横にいた人が立たなきゃいけないルールなんですね。ちょっと派手な下着に変えてきて、上脱いで、グワーってもうユーロビートのリズムに乗せてバンバン踊っているわけですよ、フラッシュ焚いて。だから、「これ！これ！」と思って。これを待ってたんですよ、僕は。「何で今まで変な話を聞かなきゃいけないんだよ」って思って。真面目な身の上話なんか聞きたくないと。
上田　そんなことはどうでもいいと。
有田　裸が見たいのよ。パイオツが。
上田　(笑)。
有田　だから、ランジェリーパブに行ってんだよ。
上田　ゲスな男だよ（笑）。
有田　「何だよ、さっきまで」と思って、ニヤニヤしながらパッと上を見たんですよ。そしたら女の子が号泣してるんです、まだ引きずってて。だからわんわん泣きながら、腰を振りながら踊っているんです。
上田　興奮できねーっつうの。
有田　僕、複雑な気持ちになりながら、「大丈夫よ。全然。下品じゃない、全然下品じゃない。本当に上手、上手」って真面目にアドバイスしました。
上田　(笑)。
有田　向こうも「別に下品じゃないよね」って言いながら、僕の顔の前でピストン運動みたいなことやっているんですよ。

僕の顔の前で。
上田　下品に決まっているじゃねーか。
有田　「エッチに感じないもん、こっちは」とか言いながらね。
上田　嘘つけ。
有田　それで終わって、今からって思ったら、「お客さん、そろそろお時間です」って言われて、やっぱり高いんです。向こうは「ありがとう。すっきりした」ってなって。だから、「こっちでしょ、それ言うのは」って思って。
上田　こっちは悶々とするわな。そんなことされて。
有田　まぁ、それで帰ったっていう、10年ぐらい前の話ですよ。他にも何ですか、例えば、地方のみすぼらしいぼったくり店みたいなのに引っかかったことがありましてね。
上田　はぁはぁ。
有田　部屋に入れられて「2000円のマッサージ」って言われて入ったら、出てきたのが本当にすごいデブの50歳ぐらいのおばちゃんだったんですよ。
上田　それはその触れ込みとしては？
有田　若い女の子の癒しマッサージです。「エロいやつなんですか？」って聞いたら、「それはもうお楽しみですよ」と。
上田　本当にエロしかないんだな（笑）。あのさ、コラム書いている成田アキラってお前だろう？
有田　あれ？　あれ～は違います。あれ～は違います。
上田　何ちょっと真面目に考えてんだよ。
有田　それで行って、本当に50歳ぐらいのすごいのが出てきたんですよ。ドカーンっていうのが。
上田　うん。
有田　しわだらけのね。暗くてもわかりますよ。そしたら何かちょっとマッサージとかし始めたから、もう引いてたんですよ、僕。「大丈夫です。もう2000円払ったから、もう時間なんで帰りますから」って引いてたら、途中で何かキレ始めておばちゃんが。「わかったわよ、これでしょ」みたいな感じで、上半身バーッて脱ぎ始めて、汚いおばあちゃんが。「いや、何してんですか？もうやめてくださいよ」って言ったら、僕の手をグワっと握りしめて、胸にバーン持ってて、「ほら、バリバリ揉めばいいでしょ。揉めばいいでしょ、バリバリ」みたいなこと言われて。
上田　（笑）。バリバリ揉むものなのか？
有田　いや、わからない。何で俺、キレられなきゃいけないの？って思って。
上田　あんまり男でさ、バリバリ揉みてぇ願望もねぇしな。
有田　もめて帰ったっていうこともあったんですけどね。そんなね、ちょっとライトな話が。
上田　どこがライトだ！　お前はこれがライトって言ったら、お前のディープ教えろ！
有田　要は真面目なサラリーマンってあんまりこういう経験しないじゃないですか？
上田　まぁどうなんだろう？　ないのかな？
有田　その時は、本当にどっちも嫌な思いをしましたけど、芸人の良いところってこれじゃないですか？　どっかでお話できればいいかなって。笑ってくれりゃ良いなじゃないですか？　だからテレビ番組でも話したことありますよ。ややウケじゃないですけど、「まぁまぁ面白いね」ぐらいの感じで終わりました。今もそんな感じじゃないですか、今聴いているリスナーも。「有田がなんか喋っている

Free talk editor's choice 07

けど、まぁまぁあれだな」ぐらいの。

上田 いや、まぁ知らないけどね。

有田 所詮、どうせそうでしょ。僕の話なんてそんなもんでしょ。

上田 いや、そんな卑下することはないよ。そこを卑下するぐらいだったら、おばちゃんの胸を揉んだ自分を卑下しなよ。

有田 で、この間そんな話をしてたの、またロケバスのなかでさ。そしたらあるスタッフが言ってきたんですよ。「ちょっと、芸人さんて、すげぇな。そういう経験するんですもんね」。「そりゃみんなはないでしょ」って言ったら、「ある」と。「そんなあれかもしんないですけど」って言って、話してくれたんですけども、ビックリしましたよ。その上田さんも知っているディレクターさんで、結婚しているんですよ。

上田 うん。

有田 結婚して子どももうすぐ生まれる方なんですよ。子ども生まれる間、まだ若い方ですから、そんな浮気なんてやっちゃいけないですよ。だから下世話な話ですけども、アダルトビデオを見たい訳なんです。ただ、奥さんはアダルトビデオ大反対なんですって。

上田 何で?

有田 そういうのが不潔っていう感じなんですって。男からすれば普通じゃないですか、別に。それで、一人エッチするなんて誰だってやってると思うけど、でも、まぁ気を遣ったんでしょうね、「わかった」と。だから、本当は仕事終わって、編集大変なのに家帰って、「かみさん寝てるな」って確認してアダルトビデオでも観たいはずですけど、それを止めて、1回あそこに行くようにしたんですって。個室ビデオ。個室ビデオってご存知です?

上田 行ったことはないけど、要は個室でビデオを観るわけだろ?

有田 僕もないですけど、部屋があって何かカウンターみたいなところで好きなビデオを3枚ぐらい借りて、「これ借ります」って言ったら、ワイヤレスのヘッドフォンを貸してくれるんですって。で、それを持って個室に入って、ヘッドフォンで音を聞きながらビデオを観る。観終わったら返して帰る。それに行っているんですよ、健気じゃないですか。

上田 まぁな。

有田 個室ビデオって、何でそんなのが流行っているのだろうと思ったんですよ、僕も。したら「あぁ、なるほど」と。

上田 別に家で観ればいいのにな。

有田 そういう人のためにあるんですよ。繁盛しているんですって。

上田 いまだに結構あるの?

有田 あるのよ。「へぇ~」って思って。そしたらね、ある日、かみさんがレシートみたいなのを見つけたらしくて、「何これ?」って言って。

上田 うん。

有田 店名が変な名前なんですよ。サラリーマンなんたらみたいな、金玉がどうみたいな名前で。

上田 (笑)。

有田 「何これ? 個室1時間いくらって書いてあるけど」ってなって。もう正直に言ったんですって、「個室ビデオって言って個室でビデオを観るんだけど」って。「変なビデオでしょ?」「え、違うよ、そういうのだけじゃないんだけど」。それで、また、かみさんが凹み始めたから、「わかったよ。もう行かない」って言って、旦那として立派ですよ。「ごめん、ごめん。付き合いで行っただけだから」って。

上田 どんな付き合いだよ。個室だって

Free talk editor's choice 07

言ってんのに。それがおかしい（笑）。そこで嘘だろ、お前ってなる。

有田　そうだけど、かみさんに男の世界を理解させるよりも、「お前が嫌だったら止めるよ」って言ってあげるのが健気じゃないですか。

上田　まぁね。

有田　ただね、また店に行っちゃったらしいです。どうしても疲れが溜まって発散したいと。そしてビデオ借りて、個室で観て、じゃあ帰りますと。もう急いで家に帰って、また「遅い」と言われると嫌だから、タクシーに乗って急いで帰ったと。その時に思ったんです、ちょっと待てよと。

上田　うん。

有田　変なレシートないだろうな、これはいかんと捨てて。で、変な話ですけど、ティッシュが絡まっているとかそういうのヤバいじゃないですか。

上田　（笑）。

有田　全部チェックして「どこも変な濡れたりとかしていないな。匂いもついてないな、大丈夫」。で、部屋に着いた。

上田　うん。

有田　ガチャっと開けて「ただいま」と言ったら、奥さんが「また変なとこ行ってきたの？」って言うわけよ。

上田　開口一番？

有田　ものすごい怖いじゃないですか。「何で」って言って。「行ってきたの？　どっち？　正直に言って」って。「いや、行ってないけど」って言って、「本当に行ってないの？」みたいな。「約束したじゃん。レシートも何もないし。何わけわからないこと言ってんの？」。結構、強気に言ったんだって、「行ってない。約束するわ。バカじゃないの。俺、約束したじゃん」。「ふーん、じゃあ何それ」って言われて、「は？」「何それ？」「は？」「それよ」ってなって見たら、ヘッドフォンをつけてたんです。

二人　（爆笑）。

有田　ワイヤレスのヘッドフォンです。

上田　（笑）。バカだなぁ。マジで？

有田　マジで。

上田　すげぇ話だな。

有田　「は？」って言って。「行ってない」って言っている頭についてるんですよ、ヘッドフォンが。

上田　何かさ、俺今日聞こえが悪いなとか思わなかったのかな？

有田　本当に気付かなかったらしくて。ヘッドフォンって普通に耳を隠さないヘッドフォンだからタクシーに乗ろうが、外に出ようが気付かれないんですって。あまりにもフィットし過ぎちゃって、店員さんに失礼しますって言っても、気付かなかったらしいんです。

上田　この人の自前のやつかなって？

有田　その人も気付いたけど、やべぇって思って、顔色変えちゃいけないって思って、「何？　音楽とか聴いちゃいけないの？」みたいなことを言い出したの。

上田　（笑）。

有田　そしたら、「何？　何の音楽？」と。「何ってワイヤレスだから」、「ワイヤスレだから？　これって元がない」と。

上田　（笑）。

有田　カバン見せて、探すけど元がないと。それはそうですよ、もう、奥さんも確信犯ですよ。「ないじゃん、元が」と。「元はあんじゃないの？　ふざけんな」って言って、「これをしてたからって決めつけんのはおかしいだろう」って言って、バッとヘッドフォンを外したら、シールで金玉の何とかって、個室ビデオって書いてあるんですよ。

上田　（笑）。

有田　やべぇって思った時には奥さんは自分の部屋に閉じこもって、わんわん泣き始めて。

上田　あぁ、バカだな。

有田　それを聞いて僕も、またスタッフがつまんねぇ話をし始めたと思ったところ、同じように大爆笑しちゃった。

上田　すげぇな。こんなにバカな話はないな。最強だな、最強。

有田　なんだろうな、芸人てと。一般の人が個室ビデオに行った時の話のほうが面白いんだもん、奇跡を起こしているんだから。僕のランパブ嬢の号泣も奇跡ですよ、でも比べ物にならないじゃないですか。

Free talk editor's choice 07

復活放送を果たした2016年6月17日（第160回）の放送後に撮った写真。くりぃむしちゅーの二人を中心に歴代のディレクターやスタッフが勢揃いした。

監修

ナチュラルエイト

2009年、くりぃむしちゅーのマネージャーを務めていた大橋由佳が設立した芸能事務所。くりぃむしちゅーを筆頭に、マツコデラックス、有働由美子、コトブキツカサ、浜ロン、エイトブリッジが所属。2016年の熊本地震に際しては、現在に至るまで、被災地支援のためにチャリティトークライブを開催している。

協力

ニッポン放送

フジサンケイグループに属するAM／FMラジオの放送局。午前帯のニュース番組や野球中継『ショウアップナイター』、深夜番組『オールナイトニッポン』など多彩なコンテンツで、幅広い世代から支持を得る。近年ではイベント事業やデジタルメディアコンテンツといったラジオ放送局の枠にとらわれない活動を展開している。

Special Thanks

松尾紀明（ニッポン放送）
節丸雅矛（ニッポン放送）
長濵純（ニッポン放送）
鈴木賢一（ニッポン放送）
柴田篤（ニッポン放送）
木之本尚輝（ニッポン放送）

石川昭人（ファイ）
ホンマ・トシヒコ（エヌ・シアター）

『くりぃむしちゅーのオールナイトニッポン』
公式番組ページ
http://www.allnightnippon.com/info/ariue/
公式番組ツイッター
https://twitter.com/ariue_ann_jolf

STAFF

編集・文・取材	板橋正時
ブックデザイン	新開裕美
PHOTO	谷口岳史 江藤義典 長濵純 ホンマ・トシヒコ
イラスト	木村勉
DTP	横内俊彦
校正	東京出版サービスセンター

くりぃむしちゅーのオールナイトニッポン
番組オフィシャルブック

2021年4月20日　初版発行
2021年5月6日　4刷発行

監　修　ナチュラルエイト
発行者　野村直克
発行所　総合法令出版株式会社
〒103-0001　東京都中央区日本橋小伝馬町15-18
EDGE小伝馬町ビル9階
電話 03-5623-5121（代）
印刷・製本　中央精版印刷株式会社

ISBN 978-4-86280-793-9

総合法令出版ホームページ　http://www.horei.com/